口絵① 上流の景観（愛知県豊田市 神越川 3.1節，3.2節，3.3節参照）

口絵② ダム（長野県木曽町 牧尾ダム 3.4節，コラム1参照）

口絵③ イワナ（長野県王滝村 伝上川支川 3.3節，10.3節参照）

口絵④ ネコギギ（岐阜県長良川水系 コラム6，11.3節参照）

口絵⑤ 中流の景観（岐阜県笠松町 木曽川 4.1節参照）

口絵⑥ 湖（長野県阿南町 深見池 5.2節参照）

（写真提供：①松本嘉孝，②谷口智雅，③小野田幸生，④渡辺勝敏，⑤永山滋也，⑥八木明彦）

絵⑦　水田と水路（滋賀県高島市　6.1 節参照）　　口絵⑧　湧水湿地（愛知県日進市　大清水湿地　7.1 節
参照）

絵⑨　マンボ（三重県いなべ市　片樋マンボ　コラ　　口絵⑩　干潟（愛知県名古屋市　藤前干潟　8.2 節参
ム 11 参照）　　照）

絵⑪　内湾の無脊椎動物．左から礫裏面に密集している動物群集（南知多町長谷崎），ホトトギスガイ（汚濁指
種，セントレア周辺海域），エビスガイ（西尾市佐久島），シラライロウミウシ（西尾市佐久島）（いずれも愛知
8.3 節参照）

（写真提供：⑦皆川明子，⑧松本嘉孝，⑨大八木麻希，⑩八木明彦，⑪川瀬基弘）

# 身近な水の環境科学

## 第2版

日本陸水学会東海支部会 編集

朝倉書店

# は じ め に

　本書の初版『身近な水の環境科学—源流から干潟まで—』は，日本陸水学会東海支部会の設立から発展を支えた陸水学者が中心となり，陸水の基礎知識を網羅的かつ初学者向けにわかりやすく伝える書籍として 2010 年に出版されました．大学等でその本を手に取り講義を受け，陸水学の卒業研究を行った学生も今では社会人として活躍していることを思うと感慨を覚えます．

　その初版から 10 年以上が経ち，掲載されている観測資料の更新が必要になったこと，研究や技術の進展により新たな観点で陸水学を記述できる分野が増えたこと，気候変動に対する世界的な危機意識の高まりや活動が活発になってきたことなど，改訂を必要とする社会的・教育的な意義が高くなりました．特に気候変動は気候危機ともいわれ，これら環境変化の陸水環境に及ぼす影響についての情報や知見も加速度的に論文発表されるようになり，新聞やインターネット上でもこの危機がニュースで語られない日はありません．若者の気候危機に対する関心は高く，自然科学分野のみならず，人文社会学分野においても，それぞれの学問分野がこの危機とどのように向かい合っていくのか，貢献できるのかについて考えることは必須となっています．

　改訂にあたり，まず高等学校の物理，化学，生物，地学，地理を学んだ初学者が，陸水へ及ぼす気候危機の影響を理解するためにはどのような知識を習得し，実感し，能動的に学習することが望ましいかを考えました．現在，陸水環境において気候危機の明確な影響についての知見は限定的であり，今後についても推測的に述べられている記述が多くあります．気候危機の恐ろしさは，転換点を越えてしまうと元に戻すのには数十年もしくは数百年単位の時間が必要になることであり，現象が明確に現れてからでは手遅れとなる可能性が高いことです．転換点を越えないためには，将来起こりうる可能性を正しく科学的に推測し，現象を駆動しているメカニズムに踏み込む記述を自然現象のみならず，人間活動も含めて理解することが大切であると考え，本書を構成しました．

　本書は，初版の「源流から干潟まで」が主眼とした，人間活動が陸水環境に及ぼす影響を包括的に理解するための基礎知識を記述する枠組みは踏襲しながらも，陸水域をつなぐ河川の成り立ちとその動的な変動，生態系とのつながりについて解説を増量しました．また，これまでの公害，環境問題を克服した経緯や，市民活動の取り組みについても記述することで，気候危機の問題解決への無力感を乗り越えるきっかけになればと考えました．

　「陸水学」とは，本来の意味である湖沼学を超え，陸域に存在する水の総合学問と定義されています．一般的に知名度の高い海洋学と対になる学問体系といえます．その研究対象は川，湖，地下水，そしてその水が流れる森林，水田，都市，湿地，干潟など身近な場所になります．本書では陸水学の基礎的な知識，東海地区の陸水情報について，多くを網羅しましたが，残念ながら記述しきれなかったことも数多くあります．例えば，日本列島の形成過程や長期気候変化と陸水との関係が挙げられます．本書を入り口として，図書館やインターネットを駆使して知の世界を広げて下さい．

　新潟県魚沼市にある石碑に「河は眠らない」という作家・開高健の言葉が刻まれています．水を湛えている川や湖は見慣れた景色ですが，じっと目を凝らし水面を観察し，水の状態や水中で起きている現象を調べてみると，変化し続けている「眠らない河」が目の前に現れます．本書はこのように変化し続ける陸水環境の調査に人生を捧げてきた研究者たちが執筆しています．本書を読み，我々とともに調査・研究活動をする研究者や活動家が育つことを期待しています．

　最後に，本書を出版するにあたりお世話になった朝倉書店の編集部，そして，監修を快く引き受けていただいた京都大学名誉教授 吉岡崇仁先生，日本技術士会名誉会員 井上祥一郎氏にこの場を借りてお礼申し上げます．

　2022 年早春

編集責任者　松本嘉孝・宇佐見亜希子・田代　喬<br>江端一徳・野崎健太郎・谷口智雅

**【編集】**

日本陸水学会 東海支部会

**【監修者】**

井 上 祥 一 郎 　日本技術士会名誉会員，技術士（応用理学部門ほか7部門）

吉 岡 崇 仁 　京都大学名誉教授，理学博士

**【編集責任者・執筆者】**

松 本 嘉 孝 　豊田工業高等専門学校環境都市工学科，博士（工学）

宇佐見亜希子 　名古屋大学減災連携研究センター，博士（工学）

田 代 　喬 　名古屋大学減災連携研究センター，博士（工学）

江 端 一 徳 　豊田工業高等専門学校環境都市工学科，博士（工学）

野 崎 健太郎 　椙山女学園大学教育学部，博士（理学）

谷 口 智 雅 　三重大学人文学部，博士（地理学）

**【執筆者】**(五十音順)

昧 岡 ゆ い 　中部大学現代教育学部，博士（応用生物学）

大 八 木 英 夫 　南山大学総合政策学部，博士（理学）

大 八 木 麻 希 　四日市大学環境情報学部，博士（工学）

小 野 田 幸 生 　豊田市矢作川研究所，博士（理学）

萱 場 祐 一 　名古屋工業大学大学院工学研究科社会工学専攻，博士（工学）

川 瀬 基 弘 　愛知みずほ大学人間科学部，博士（工学）

岸 　大 弼 　岐阜県水産研究所下呂支所，博士（農学）

久 野 良 治 　環境未来株式会社総合検査センター，修士（応用生物学）

後 藤 直 成 　滋賀県立大学環境科学部，博士（理学）

坂 本 貴 啓　東京大学地域未来社会連携研究機構，博士（工学）

佐 川 志 朗　兵庫県立大学大学院地域資源マネジメント研究科，博士（農学）

末 吉 正 尚　国立環境研究所生物多様性領域，博士（農学）

高 原 輝 彦　島根大学生物資源科学部，博士（学術）

谷 口 義 則　名城大学人間学部，博士（地球環境科学）

逵　　志 保　枝下用水資料室，博士（国際文化）

椿　　涼 太　名古屋大学大学院工学研究科，博士（工学）

戸 田 三 津 夫　静岡大学工学部化学バイオ工学科，理学博士

富 田 啓 介　愛知学院大学教養部，博士（地理学）

中 村 晋 一 郎　名古屋大学大学院工学研究科，博士（工学）

永 山 滋 也　岐阜大学地域環境変動適応研究センター，博士（農学）

新 實 智 嗣　株式会社水地盤研究所代表取締役，技術士（建設部門）

原 田 守 啓　岐阜大学流域圏科学研究センター，博士（工学）

藤 井 太 一　中部大学応用生物学部，博士（応用生物学）

溝 口 裕 太　土木研究所水環境研究グループ，博士（工学）

皆 川 明 子　滋賀県立大学環境科学部，博士（農学）

南　　基 泰　中部大学応用生物学部，博士（農学）

村 瀬　　潤　名古屋大学大学院生命農学研究科，博士（農学）

安 井　　瞭　土浦日本大学高等学校，修士（環境学）

山 本 敏 哉　TSJ ネイチャー，博士（理学）

吉 田 耕 治　金城学院大学薬学部，博士（農学）

# 目　　　次

# コラム目次

# 1 気候変動と陸水の環境科学

## 1.1 気候変動と地球環境問題

　環境問題の理解は，事実の認識から始まる．図 1.1A は，愛知県内の 4 地点，名古屋市千種区（標高 51 m），豊田市中心部（75 m），豊田市稲武（505 m），田原市伊良湖（6 m）における年平均気温の経年変化である．人口密度や標高に関係なく上昇傾向が示されている．温暖化は，太陽が暖めた地表面からの輻射熱を大気中にとどめる力が大きいほど強まり，原因物質としては，水蒸気（$H_2O$），二酸化炭素（$CO_2$），メタン（$CH_4$）などの温室効果ガスがあげられる．図 1.1B は，大気中の二酸化炭素濃度の経年変化で，現在 0.04 %（400 ppm）を超過している．

　二酸化炭素濃度上昇の仕組みは，図 1.2 に示した．大気中の二酸化炭素濃度は，光合成による吸収と生物の呼吸による排出が均衡し，自然状態では急激に変化することはない．その一方で人間は，生物の遺骸が化石化した石炭・石油・

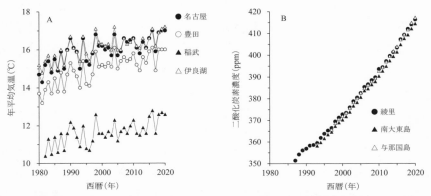

**図 1.1** 愛知県の 4 地点における年平均気温（A），および大気中の二酸化炭素濃度の年平均値（B）の経年変化（気象庁「過去の気象データ検索」「温室効果ガス」より作成）

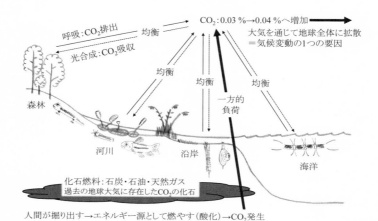

呼吸：CO₂排出　　均衡

光合成：CO₂吸収

均衡

均衡

均衡

CO₂：0.03 %→0.04 %へ増加

大気を通じて地球全体に拡散
＝気候変動の1つの要因

一方的
負荷

森林

河川　　　　　　沿岸

海洋

化石燃料：石炭・石油・天然ガス
過去の地球大気に存在したCO₂の化石

人間が掘り出す→エネルギー源として燃やす(酸化)→CO₂発生

**図 1.2**　人間活動による地球大気中の二酸化炭素（$CO_2$）濃度の上昇

天然ガスを掘り起こし燃焼させることでエネルギーを得ている．これら化石燃料は，食物網を介した物質循環過程からは除外されており，発生した二酸化炭素は，大気中の濃度を急激に増加させてきた．この上昇は，大気の熱吸収を高め，気候変動に結びつく．気候変動に関する政府間パネル（IPCC：Intergovernmental Panel on Climate Change）第5次報告書では，2016〜2035年における気温上昇は，1986〜2005年平均の0.3〜0.7℃の間である可能性が高いとされる．気候変動は，世界的な課題となる地球環境問題である．

　四大公害病と呼ばれた水俣湾〜八代海の水俣病，阿賀野川流域の新潟水俣病，神通川流域のイタイイタイ病，四日市公害はいずれもが，1つの流域や生活圏に原因が存在し，人的被害もその地域に集中していた（政野，2013）．したがって，政治的（政策的）な干渉がなければ，科学的な仕組みを明らかにし，責任者による被害者の補償を実現することができる．ところが，気候変動は，原因が人為的な二酸化炭素の負荷であった場合，その発生源は，偏在はあるものの地球全体であり，1つの国での対応は困難となる．これが地球環境問題である（米本，1994）．図1.3から日本が着実に二酸化炭素の排出を削減していることがわかるが，地球全体の二酸化炭素濃度は上昇傾向にある（図1.1B）．これは，1つの国での対応が困難な事例であり，排出国全体が解決に向けて行動することが大切な営みであるといえる．　　　　　**[野崎健太郎・松本嘉孝・田代　喬]**

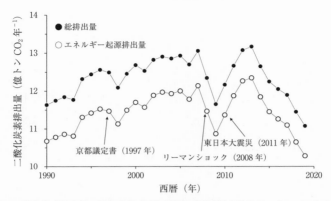

**図 1.3** 日本の二酸化炭素排出量の経年変化（国立環境研究所「温室効果ガスインベントリ」より作成）
●総排出量，○エネルギー起源排出量.

## 1.2 気候変動が陸水環境に及ぼす影響

### 1.2.1 気温上昇が水文現象にもたらす影響

IPCC 第 5 次報告書は，気温の上昇に伴う，雪氷量の減少，海水面の上昇，降水量の偏在化を指摘し，農業生産，自然災害，生態系への影響を示している（IPCC，2014）．温室効果ガスの排出を抑制しても，負の影響が百年規模の長期にわたり残存する可能性がある．さらに不都合なこととして，気候変動には転換点があり，それを超えると回復できない不可逆的な状況が生じる．

IPCC（2013）は，1901〜2010 年の世界の降水量をまとめ，北半球では 1951 年以降，陸域の降水量が増加していることを指摘した．日本においても気象庁（2021）が 1901〜2020 年の日降水量をまとめ，100 mm 以上の大雨の日数が増加する一方（図 1.4A），1.0 mm 以上の日数は減少しているとし（図 1.4B），極端な気象現象の出現を指摘している．図 1.5 は，東海地方の都市域（名古屋，豊田），海岸沿い（伊良胡），山地（稲武，高山）における年降水量の 10 年間平均値の推移である．各地点とも長期的な傾向は確認できないが，直近の 10 年は上昇傾向がみられる．図 1.6 は合計降雪量の 10 年間の平均の推移である．名古屋では 1970 年と 2020 年では大きな変化がみられないが，高山においては 2000 年代から減少傾向で，2010 年代は 1990 年代に比べ年間 104 cm も減少している．

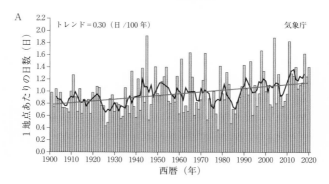

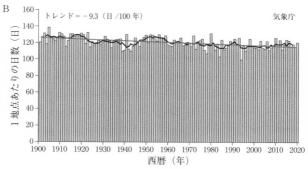

**図 1.4** 全国 51 地点における 1901 年から 2010 年の日降水量 100 mm 以上の年間日数の経年変化（A），
日降水量 1.0 mm 以上の年間日数の経年変化（B）（気象庁，2021）

### 1.2.2 気候変動が湖沼環境に及ぼす影響

　多様な面積，体積をもつ湖沼は，気候変動の影響を感知する格好の研究対象
となる．長野県の諏訪湖では，神事の記録として結氷（御神渡り）の有無が
1443 年から記録されており，気候変動が結氷期間の長期間変動に影響を与えて
いることが明らかになった（Sharma *et al.*, 2016）．北半球では，冬季の無結氷
が夏季の水温を上昇させ，一次生産の増加に結びつくこと（Sharma *et al.*, 2019）
が報告されている．図 1.7 は，琵琶湖北湖の湖底水温の長期変化である．1985
年から 1990 年にかけて顕著に上昇し，7℃を下回る月は激減している．琵琶湖
は，晩秋から冬季に循環期となり，大気に触れる表層から水深 80〜90 m の湖
底までの水温が均一になる．この湖底水温の変化は気温の上昇を反映している

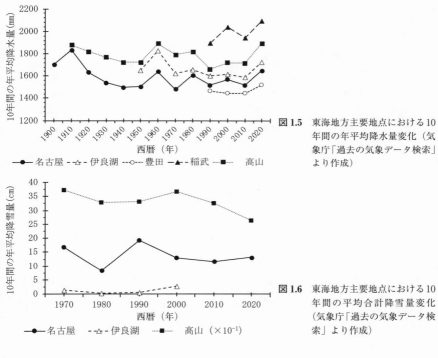

**図 1.5** 東海地方主要地点における 10 年間の年平均降水量変化（気象庁「過去の気象データ検索」より作成）

**図 1.6** 東海地方主要地点における 10 年間の平均合計降雪量変化（気象庁「過去の気象データ検索」より作成）

と考えられる.

### 1.2.3 気候変動が河川環境に及ぼす影響

　オーストリアやアメリカ北西部では，気温上昇が河川水温の上昇に影響を及ぼしている．融雪が早まり水温が上昇することも指摘されており，気候変動は直接的および間接的に水温に影響を及ぼしている．この水温の上昇は，冷水性の生物の生息を阻害する．例えば，Nakano *et al.*（1996）は，気候変動による日本列島のイワナ属 2 種の生息域の分断化と消失の可能性を検討し，1〜4℃の年平均気温の上昇に伴い，オショロコマでは 28〜90％，アメマスでは 4〜46％の消失を推定した．アメリカ北西部では，気候変動によりサケ科魚類の遡上時期の早期化が予測され，捕食者であるハクトウワシの生息数にも影響が及ぶことが懸念されている（Weiskopf *et al.*, 2020）.

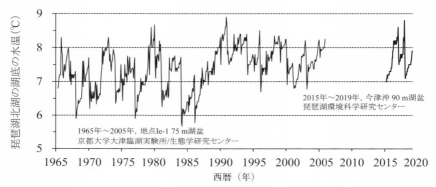

**図 1.7**　琵琶湖北湖における湖底水温の長期変化

### 1.2.4　気候変動が湿地，地下水環境に及ぼす影響

　気候変動が湿地に及ぼす影響は多岐にわたると考えられ，湿地内の有機物などの物質循環の変化や，植物の蒸散量の増加，降雨パターンの変化に伴う湿地の減少が世界中で危惧されている（Salimi *et al.*, 2021）．特に，高緯度地域にある 50 ％ 以上の湿地が永久凍土の溶解により失われるとの懸念がある（Schlesinger and Bernhardt, 2013）．ただ，湿地の生態系は農地開発など多くの人為的影響を直接的，間接的に受けているため，気候変動の影響を直接的に把握した研究事例が少ない現状もある．

　地下水は気候変動により温度上昇が生じることが予想されているが（Gunawardhana and Kazama, 2012），滞留時間が相対的に長いため，影響の顕在化までには時間を要する．また，永久凍土の融解による地下水水温への影響が懸念されている（新井, 2009）．現時点において降雨の変化に伴う地下水位の変化についての研究事例はない．しかし長期的には，降水量の増加が地下水涵養量の変化をもたらすことが考えられる（谷口, 2005）．渇水に伴う地下揚水量の増加が，地下水位の低下や地盤沈下を引き起こすことも懸念されている．

［松本嘉孝・田代　喬・野崎健太郎］

# 2 陸水の基礎知識

## 2.1 流域と河川の構造

　地上に降った雨や雪は，地表を流れて川に流れ込むほか，いったん地下に浸透した後に湧出して再び地表に現れる．特定の河川に水が降り集まる地域が流域で，下流からみた集水域，上流からみた排水域となる．隣り合う流域との境界は分水界や流域界と呼び，尾根（稜線）になっているときは分水嶺という．東海／中部地方では，岐阜県の郡上市，高山市や長野県塩尻市に，太平洋に注ぐ流域（長良川，木曽川，天竜川など）と日本海に注ぐ流域（庄川，神通川，信濃川など）の分水嶺を確認できる公園がある．

### 2.1.1 水成地形と流程区分

　山から海に至るまで，川は流域からたくさんの水を集め，水量（流量）を増しながら低い土地へと向かう．源流地点（水源）から流出した後，山を削って谷を刻みながら（侵食作用），たくさんの石礫・土砂（河床材料）を低い土地に輸送する（運搬作用）．この際，水流や地形に応じて様々なサイズの材料をふるい分けながら（分級作用），撒き散らしつつ積もらせる（堆積作用）（3.1 節参照）．この過程で生じるのが水成地形であり，網羅した模式図を図 2.1 に示す．

　川がつくり出す水成地形のうち，本書では特に，河川の流路に沿ってみられる，渓谷／峡谷，谷底平野，扇状地，自然堤防・後背湿地／氾濫平野に注目し，河川の流程に沿った章・節で記述する（3.1 節，4.1 節参照）．すなわち，上流・中流・下流域といった流程区分を設け，それぞれ以下のように定義して扱う．

- ■ "上流域"：　源流地点から渓谷／峡谷を形成しながら山地や丘陵地を流れる河川区間と周辺地域（3 章）
- ■ "中流域"：　山地や丘陵地から低地において，谷底平野・河岸段丘，扇状地，

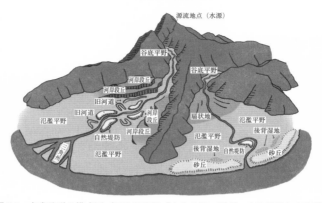

**図 2.1**　水成地形の模式図（国土地理院「山から海へ川がつくる地形」を改変）

氾濫平野・自然堤防・後背湿地を形成しながら流れる河川の順流区間と周辺地域（4 章）

- ■"下流域"：　低地において，氾濫平野・自然堤防・後背湿地，三角州を形成しながら流れる河川の感潮区間と周辺地域（8 章）

なお，こうした流程区分について，河川法などの法律や各種分野の発行物における明確な定義は存在しない．また，河川によっては山地から海，あるいは，扇状地を形成してから海に流出するため，"中流域"や"下流域"に相当する地形がなかったり，山地以外で湧出する地下水から流出するために"上流域"に相当する地形がなかったりする．本来は，縦断方向に連なる流路の相対位置とその周辺地域を示す表現であるが，便宜的に区分して示した（国土地理院「山から海へ川がつくる地形」の区分とも異なる）．

### 2.1.2　河川／流域景観の構造と特徴

河川の様相は，地形，水流，流砂を基本要素として，植生や工作物の影響が加わった相互作用のもとに形成されている．河川ごとに特徴の異なる流域をもつことから厳密な意味ではそれぞれに個性がある．しかしながら，共通する要素や構造をもった景観（例えば，河川の瀬）は，類似した特徴や機能（浅くて流れが速い，など）を備えており，それらの関係性を把握することは河川や流域における様々な事象の理解に役立つ．ここでは，河川の各流程区分に関する

解説（主に3章，4章，8章参照）に先立って，河川／流域景観の構造に着目した整理や枠組みを紹介する．

### (1) 河川景観のための構造的分類と階層的枠組み

河川は上下流に連続した景観であることから，流れに沿った縦断方向に連続的に変化することは容易に推測される．例えば，縦断方向に変化する河床材料に着目すれば，その特徴がある程度継続する河川区間として，岩川，石川，砂川，土川，泥川，……などの呼称で認識でき，定性的な特徴や景観と対応づけることが可能である．山本（1994）はこれに類するアプローチから，全国の一級河川（沖積河川）における河川景観の要素（勾配，河床材料など）に関する実測データを整理し，それらの組み合わせによって構造的な分類を行った．この成果が表2.1に集約されるセグメント類型であり，河川景観の特徴を把握するうえで重要な役割を果たしている．河川景観を類型化したセグメントは，流域を構成する一方，セグメントの特徴を備えた1区間をリーチとして抽出可能である．Frissell *et al.*（1986）は山本（1994）以前に，リーチを構成する流路単位やサブユニットといった微小なスケールを含めて体系的に整理しながら，空間スケールを透過した河川景観の分類を可能にする階層的枠組みを提唱した（図2.2）．上位の景観は，下位の景観要素によって構成され，かつ，規定されているというこの枠組みは，河川の景観や生態系を捉えるうえで重要な概念である．

### (2) 河川規模に関する評価指標—河系次数

流量や川幅などで認識される河川の規模は，同じ気象条件，地形・地質条件であれば，流域の大きさや支川の多さによって決まる．河川規模に関する指標としていずれも機能しうるが，等高線から流域界を見出して流域図を描いたうえで算定する必要がある流域面積に対し，谷筋や支川が明示された"水系図"から合流する支川を特定することは容易である．支川の多さを表す"河系次数"は，源流地点からの流下に伴う支川の合流状況により河川規模を序列化した指標である．水系次数，河川次数，流路次数，谷次数ともいわれ，Strahler（1952）によって策定された．源流から流れる水流の次数を「1」，$n$次同士が合流すると次数は「$n+1$」となるが，低次の水流（$\leq n-1$）が合流しても次数は変わらない（$n = 1, 2, ....$）．対象とする河川の河系次数$n$を算定できたら，$n$次河川，$n$

**表 2.1**　沖積河川のセグメント類型（山本，1994 を改変）

| | セグメント M | セグメント 1 | セグメント 2 | | セグメント 3 |
|---|---|---|---|---|---|
| | | | 2-1 | 2-2 | |
| 地形区分 | ← 山間地 → | ← 扇状地 → | | | |
| | | ← 谷底平野 → | | | |
| | | | ←自然堤防帯→ | | |
| | | | | ←三角州（デルタ）→ | |
| 河床材料の代表粒径 $d_R$ | 様々 | 2 cm 以上 | 3 cm〜1 cm | 1 cm〜0.3 mm | 0.3 mm 以下 |
| 河岸構成物質 | 河床河岸に岩が出ていることが多い | 表層に砂，シルトがのることがあるが薄く，河床材料と同一物質が占める | 下層は河床材料と同一，細砂，シルト，粘土の混合物 | | シルト・粘土 |
| 勾配の目安 | 様々 | 1/60〜1/400 | 1/400〜1/5,000 | | 1/5,000〜水平 |
| 蛇行程度 | 様々 | 曲りが少ない | 蛇行が激しいが，川幅水深比が大きいところでは 8 字蛇行または島の発生 | | 蛇行が大きいものもあるが小さいものもある |
| 河岸侵食程度 | 非常に激しい | 非常に激しい | 中，河床材料が大きいほうが水路はよく動く | | 弱，ほとんど水路の位置は動かない |
| 低水路の平均深さ | 様々 | 0.5〜3 m | 2〜8 m | | 3〜8 m |

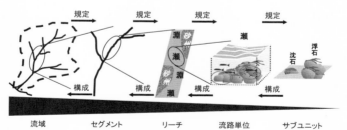

**図 2.2**　河川景観の構造と階層的枠組み（Frissell *et al.*, 1986；田代，2004 より作成）

次水流のように表される（源流より上流は 0 次谷と称する）．ただし，河川管理者を中心に，本川から近い順に一次支川，二次支川と遡る別称も使用されているため，両者の混同には注意を要する．　　　　　　　　　　**［田代　喬］**

## ●コラム 1　噴火と水環境

「概ね過去1万年以内に噴火した火山」もしくは「現在噴気活動が活発な火山」として定義されている国内の活火山は111ある．東海地域には富士山，伊豆東部火山群があるが，流域で捉えると木曽川上流の長野県御嶽山も含まれる．第四紀火山は"黒いダム"と形容されるように，不透水層の上に空隙の大きい厚い層がのった巨大な「貯水池」として，豊富な湧水を有し，日本の山地水循環を理解するうえでも重要な研究対象になっている（図2.3）．さらに，河川が強酸性水であったり，温泉や火山ガスの噴出が河川水質や水温，生態環境に対して大きなインパクトを与えるなどの特異的な水環境を有している．

　2014年の御嶽山噴火は，多くの死傷者を出すなどの火山災害となった．御嶽山中腹の地獄谷を源頭部にもつ王滝川支流の濁川のpHは元々6以下であったが，噴火後にはpH4以下となる変化もみられ，さらに，火山灰など火山噴出物を含んだ高濁度水や酸性水が愛知用水水源の牧尾ダム（口絵②参照）に流入した．2013年にユネスコ世界文化遺産に登録された富士山は，1707（宝永4）年に，864（貞観6）年以来の大噴火を起こし，流れ出た溶岩の一部が当時あった大きな湖を埋めて現在の西湖と精進湖をつくった．降灰によって家屋や耕地に大きな被害をもたらしたが，酒匂川流域を中心に洪水や土砂災害を継続的に引き起こすことにもなった．火山噴火は流域全体にも大きなインパクトを与えることもあり，噴火による水環境の影響を理解するために

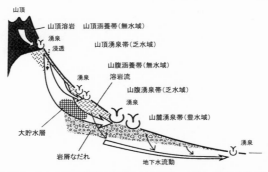

**図 2.3**　火山の地下水流動の模式図（風早・安原，1994を改変）
地下水流動やその経路，山体の内部構造や深度などは模式図として示してある．山頂域は溶岩の亀裂等を流動しこの溶岩下部から，山麓湧水帯（豊水帯）は山頂涵養帯・山腹涵養帯で涵養された水が岩屑なだれを覆う難透水性の溶岩流の亀裂等から湧出している．この地下水流動間の大貯留帯は比較的長い時間にわたって湧水が滞留している．

も，噴火前後を含む水循環や物質循環，水域生態系などの陸水環境の継続的な観察・
観測をすることは大切である．                                          ［谷口智雅］

## 2.2  水 の 循 環

### 2.2.1  水循環と水収支

地球上に存在する水は 13 億 8,598 万 4,500 km$^3$ 程度で，河川水，湖沼水，海
水などの様々な形態で構成されている．これらの水は，地上に降り注ぐ雨（液
体）や雪（固体）が河川水や地下水になり（表 2.2），海に流れ出し，蒸発によ
って水蒸気（気体）の形で大気中に還元される．水蒸気は雲となり，そしてま
た雨や雪が降る．このような形状の変化を含めた移動を水循環という（図 2.4）．
水の循環速度はその形態・形状によって異なり，水の多い地域と少ない地域が
生じる一因にもなる．地下水，雪氷（氷河や万年雪など）などの循環速度が遅
い水（滞留時間の長い水）は，いったん枯渇や汚染されると，その回復には長

表 2.2  地球上の水の構成と平均滞留時間（杉田・田中，2009 より作成）

| 水の存在形態 | 量（×10$^3$ km$^3$） | 全体の水の量に対する割合(%) | 全体の淡水の量に対する割合（%） | 平均滞留時間 |
|---|---|---|---|---|
| 海洋 | 1,338,000 | 96.5 | – | 2,500 年 |
| 雪氷 | 24,064 | 1.74 | 68.7 | 1,600〜9,700 年 |
| 永久凍土層の氷 | 300 | 0.022 | 0.86 | 10,000 年 |
| 地下水 | 23,400 | 1.7 | – | 1,400 年 |
| うち淡水 | 10,530 | 0.76 | 30.1 | |
| 土壌水 | 16.5 | 0.001 | 0.05 | 1 年 |
| 湖沼水 | 176.4 | 0.013 | – | 17 年 |
| うち淡水 | 91 | 0.007 | 0.26 | |
| 湿地の水 | 11.5 | 0.001 | 0.03 | 5 年 |
| 河川水 | 2.12 | 0.0002 | 0.006 | 17 日 |
| 生物中の水 | 1.12 | 0.0001 | 0.003 | |
| 大気中の水(水蒸気) | 12.9 | 0.001 | 0.04 | 8 日 |
| 合計 | 1,385,984 | 100 | – | |
| うち淡水 | 35,029 | 2.53 | 100 | |

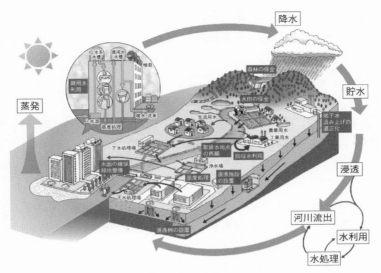

**図2.4** 健全な水循環の概念図（内閣官房水循環政策本部事務局「流域マネジメントの手引き」より作成）

い年月を要する．特定の地域や水域の一定期間の流入・流出の水循環を水量として示したものを水収支という．水資源や水利用の観点から地表にどの位の水があるかを考えると，降水を（$P$），気体となる蒸発散（蒸発）を（$E$），地表面にある川を流れる水を流出（$R$），浸透するもしくは湧出する地下水（地下貯留の変化）を（$\Delta S$）として

$$R = P - E \pm \Delta S \tag{1}$$

で示される．このような式（1）を水収支式という．

　21世紀は「水の世紀」ともいわれ，世界的な水不足・水汚染・水紛争などが課題となっている（高橋，2003）．これらの理解と解決には水循環・水収支の概念が重要である．日本では，その基本理念を明らかにし，総合的かつ一体的に推進するための「水循環基本法」が2014年に制定された．さらに，水循環基本法第13条に基づいて，健全な水循環の流域整備を達成するための具体的な施策や必要な事項が「水循環基本計画」によって策定されている．

### 2.2.2　都市の水循環

都市の地表面は，不透水性のコンクリートやアスファルトの建物や道路で覆

われ蒸発が少なく，排水施設のために雨水から地下水への涵養が少ない．都市
の水循環は，使う水の大部分が近郊あるいは遠方から導水され，自然流域を越
えた人工的な水収支となる．都心部における水の使用量は莫大であり，降水量
の数倍にも及ぶ地域もある．そして，流入量とほぼ等しい水量が排出される．
最近では循環型社会の基礎となる「物質循環」が大きな課題であるが，人間が
水を使い，それが自然に大きな影響を与えていることは，国境を越える仮想水
の問題を含む重要な課題である（沖，2016）．

　名古屋市中心部を流れる新堀川の水源は下水処理水であるが，施設の処理人
口（15.9 万）に名古屋市の1日1人当たりの平均給水量308 L から求めると年
間 1,787 万 4,780 m³ の水が処理，排水されている（名古屋市上下水道局，2020）．
水収支の流入（新堀川の流域面積；23.41 km² × 名古屋の降水量の平年値；
1,535 mm ＝新堀川流域で降る雨の量；3,593 万 4,350 m³/年）と比較するとこの
半分位の水が流域外から導水され，人工的な水移動の結果として新堀川に排出
されている．新堀川は河床勾配も緩く干満の影響を受けるため，川を流れる水
が停滞しやすく水質汚濁を引き起こしやすいが，雨水や人工的な水移動を含め
た水循環，物質循環を考慮して都市の中の水環境の保全や創造を考えることも
必要である．　　　　　　　　　　　　　　　　　　　　　　　　［谷口智雅］

## 2.3　水質指標と水質を決める因子

① **pH**（potential of hydrogen）
　pH は水の酸性，アルカリ性の強さを表す指標で，水素イオン濃度（H⁺）の
逆数の常用対数で表される（式（2））．7 を中性とし，7 より低い値を酸性，高
い値をアルカリ性とする．酸性雨は pH<5.6 と定義されている．

$$pH = -\log_{10}(H^+) \tag{2}$$

② **電気伝導率（度）**（EC：electrical conductivity）
　水中の伝導率（電気の流れやすさ）の指標で，陽イオン，陰イオンの総量を示
す．数値は断面積 1 m²，距離 1 m の相対する電極間にある溶液の電気抵抗の逆
数を示し，単位は人名にちなむジーメンス(S)を用いる．一般的には，mS m⁻¹ ま
たは μS cm⁻¹ で表す．陸水では下水などの人為的活動による排水の混入，河口

部では，淡水と海水の混合状況の推定に用いられる．

### ③ 溶存酸素 （DO：dissolved oxygen）

水に含まれる溶存酸素 （$mgO_2 L^{-1}$） を示す．大気から水への酸素の溶解度は，水温が低いと高くなり，溶存酸素量が上昇する．水域の健全度を評価する際には，その水温の飽和溶存酸素量を基準にした飽和度 （%） で示すこともある．溶存酸素飽和度の低い水体は貧酸素水域 （塊） と呼ばれ，生物の生息を阻害し，有毒な硫化水素 （$H_2S$） 等の発生を引き起こす．一方，湖沼などで植物プランクトンや水草などの光合成により溶存酸素量は増加する．地下水は，大気からの酸素の供給が遮断されているため，溶存酸素量が低くなる．

### ④ 浮遊物質 （SS：suspended solid）

懸濁物質とも呼ばれ，水中に浮遊する粒子を示し （$g L^{-1}$），濁りの指標となる．一般的に，河川水などには，粗大な木片や水生植物，人間が排出した紙くずや油脂などが混濁して流下しており，網目 2 mm のふるい上に残るものは，水質分析の対象から除外する．そのため，浮遊物質量の測定は，事前に網目 2 mm ふるいを通過した試料水を用意し，その一定量を孔径 1 μm のろ紙でろ過し，ろ紙上の捕集物を 105〜110℃ で 2 時間乾燥させた重量から求める．この残留物を 600℃ で 30〜40 分熱し，減少した重量分を揮発性浮遊物質，残ったものを灰分という．揮発性浮遊物質は有機物量に相当する．ろ紙を通過した成分は溶存物質 （DM：dissolved matter） である．浮遊物質量を簡易的に測定する方法として，透明度や透視度，濁度がある．

### ⑤ 生物化学的酸素要求量 （BOD：biochemical oxygen demand）

細菌などの微生物が分解できる水中の有機物量の指標である．試料水を 20℃ 暗条件で 5 日間培養し，培養前後で減少した溶存酸素の値 （$mgO_2 L^{-1}$） で示す．有機物が多いほど分解によって酸素の減少が大きくなる．日本では，河川の環境基準指標として用いられる．

### ⑥ 化学的酸素要求量 （COD：chemical oxygen demand）

BOD では測定できない有機物を含む指標である．したがって，BOD より大きな値となる．試料水に酸化剤を加え熱し，有機物分解によって消費された酸化剤の量を酸素 （$mgO_2 L^{-1}$） に換算する．日本では，止水である湖沼や海域の環境基準指標として用いられている．使用する酸化剤については，日本は過マ

ンガン酸カリウム（KMnO$_4$），欧米諸国は，酸化力の強い重クロム酸カリウム（K$_2$CrO$_7$）を使用する．

#### ⑦ 全有機炭素（TOC：total organic carbon）

水中の有機物に含まれる炭素（mgC L$^{-1}$）を示す指標である．TOC は，試料水中の有機物を 950℃ 程度の高温で燃焼させ，有機物中の炭素を CO$_2$ に変換し，NDIR（非分散赤外線吸収法）で測定する．有機物量を正確に定量できるため，今後は環境基準指標として活用が期待される．

#### ⑧ 窒素とリン

窒素とリンは栄養塩とも呼ばれ，植物プランクトンや水草の主な成長律速因子である．この濃度が高いと一次生産者が増加し，富栄養化が進行する．余剰となった一次生産者は腐敗し，悪臭や水質汚濁を引き起こす．窒素，リンともに様々な形態をとるため（図2.5），全窒素，全リンとして総量を表す．窒素は好気条件で，アンモニア態窒素（アンモニウムイオン；NH$_4^+$）→ 亜硝酸態窒素（亜硝酸イオン：NO$_2^-$）→ 硝酸態窒素（硝酸イオン；NO$_3^-$）と酸化（硝化）する．

水質を決定する因子は大きく分けて，物質の供給源，物質の代謝，水文因子とされ（那須，1996），物理学，生物地球化学，水文学の機構を通し互いに影響を及ぼす．物質の供給源については人間活動による負荷（4.3 節参照）と，地質や土壌などの自然からの負荷に分けられる．特に，地質により水質が規定されることが認知されており（例えば玉利ほか，1988），東海地方の丘陵地において砂礫層と変成岩体からの湧水の水質を比較すると，砂礫層では pH 4.7，電気伝導度 47 µS cm$^{-1}$ と酸性で溶存無機物質濃度が低い水質であるのに対し，変成岩

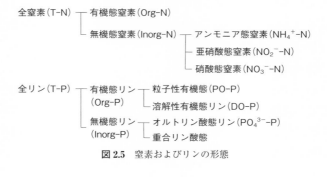

**図 2.5**　窒素およびリンの形態

体では pH 6.0,電気伝導度 156 μS cm$^{-1}$ の微弱酸性で溶存無機物質濃度が高い水質になっている（野崎ほか,2021）.変成岩は,砂礫層に比べ雨水の浸透速度が遅いことに加え内部の化学風化の度合いが低く,酸性の雨水が浸透する過程で水素イオンの消費に伴う陽イオンの交換作用が生じ,酸緩衝能がはたらき,溶存無機物質濃度が上昇すると考えられる.降雨や融雪といった気象現象と関連する水文因子については,降雨が河川まで流出する流出プロセスと関連している（3.2 節参照）.その流出プロセスの違いは地下の滞留時間の違いとして現れ,それは地質との接触時間が異なることにつながり,水質を決定する因子となる.

　物質の代謝については,主に生物による物質の取り込みや排出を想定しており,水がたまる湖沼などでこの代謝作用が強く表れる（5.2 節参照）.その湖沼において,リンが植物プランクトンに取り込まれる過程を数式化し,富栄養化予測を行うモデルとして示した一例として,Vollenweider（1976）の式がある（式（3））.平均水深と滞留時間を用いた簡易的なモデルで,対象となる湖沼が富栄養化すると想定される集水域からのリン負荷量が予測できる.

$$L_p = 0.01 Q_s \ (1 + \sqrt{T_w}) \tag{3}$$

ここで,$L_p$：単位湖面積あたりの全リン負荷（g m$^{-2}$ y$^{-1}$）,$Q_s$：水量の指標 ＝ 平均水深（m）/滞留時間 $T_w$（y）,$T_w$：滞留時間（y）.　　　　　　[江端一徳]

---

### ●コラム2　酸性雨

　酸性雨（acid rain）は,狭義には酸性化した雨であるが,広義では雪や霧,ガス状や粒子状のものも含まれ,これらをまとめて酸性降下物（acid deposition）と呼ぶ.1970年代,西ドイツのシュヴァルツヴァルト（Schwarzwald,黒い森）での森林衰退が注目されて以来,「酸性雨 ＝ 森が枯れる」という認識が一般に広まった.酸性雨が森林衰退を起こすメカニズムとしては,酸性雨が森林土壌を酸性化させ,植物に有害なアルミニウムイオン（Al$^{3+}$）が土壌から溶脱し,植物を間接的に枯死させるプロセスが考えられる.しかし,日本の森林土壌は酸緩衝能が高く,同時期の日本において森林全体が枯れるような事象は発生しなかった.ただし,大気中を漂う酸性霧は,土壌の酸性化よりもむしろ,植物体に付着して直接的に機能低下や傷害を与える作用が大きく（図 2.6）,日本でも特定の地域で,特定の樹種を衰退させている可能性が指摘されている（吉田・竹中,2004）.

例えばモミ（*Abies firma*）苗木に模擬酸性霧を曝露させた実験では，酸性霧曝露・オゾン曝露いずれも可視障害を発生しなかったが，両者の複合曝露では可視障害が発生したことから，酸性霧によるモミの気孔の開閉機能の低下が示唆された（Yoshida *et al.*, 2004）．このように酸性降下物がどのように植物に作用するのか，酸性雨と酸性霧でも大きく異なるため注意が必要である．                                    [吉田耕治]

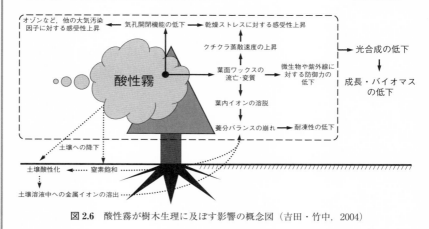

**図 2.6** 酸性霧が樹木生理に及ぼす影響の概念図（吉田・竹中，2004）

## 2.4　陸 水 の 生 態 系

　生態系は，ある地域に生息する生物群集とそれを取り巻く無機的環境の間の相互関係を包括した生物社会の総合的システムを表す概念である．生態系では，生産者，消費者，分解者による物質循環が行われる．生産者である植物は，光合成（一次生産）によって無機物から有機物を生産する一方，草食動物は植物の一部を利用し，肉食動物は草食動物の一部を捕食するなどして，消費者がエネルギーを獲得する．これらの過程で生じる動植物の排泄物や死骸は菌類などの分解者により無機物へ還元される．この結びつきを食物連鎖というが，一般には，様々な食物連鎖が複雑に絡み合って食物網を呈する．生態系はこのような複雑さによって維持されているが，気候変動，地形変状や人為的改変による攪乱により崩れることも多い．

　河川や湖沼などの陸水域では，基礎資源として植物プランクトン，付着藻や

水生植物を利用する生食連鎖と周辺の森林から供給される落葉などの有機物遺体を利用する腐食連鎖が存在している．食物網を通じた物質循環は，水中における無機物，有機物の含有量を変化させ，その場所の水質をも改変することから，その循環を把握することは，陸水域の生態系を理解する上での基本的命題の１つである．ここでは，陸水に特有な生態系過程を説明する概念を紹介する．

### 2.4.1 連続体としての生態系

河川上流域は樹木に覆われて落葉なども豊富であるため，腐食連鎖が中心であるのに対し，上空が開けた平地を流れる中流域では，日射による付着藻の一次生産が活発になり，生食連鎖の占める割合が上昇する．下流域では，上・中流域から流れてきた有機物により，再び腐食連鎖が中心になる．Vannote *et al.* (1980) は，こうした生息生物の群集組成の違いと上流から下流への環境の不可逆的変化への着目によって，「河川連続体仮説」（RCC：river continuum concept）を提唱した（図2.7）．図中の群集組成は，底生無脊椎動物の摂餌形態に着目した"摂食機能群"（表2.3）で表され，縦軸は河系次数（2.1節参照），$P/R$ は一次生産量 $P$ と群集呼吸量 $R$ の比を表す．また，河岸などから供給される餌資源は，1 mm 大で識別する粗大／微細有機物（CPOM / FPOM：coarse / fine particulate organic matter）により考慮されている．図より，河川は縦断方向の連続体であって，河岸から横断方向のつながりを含む空間的連続性が存在し，エネルギーや物質は上流から下流へと螺旋状に伝播することが理解される．なお，各流程の詳細は，3.3節，4.2節などを参照されたい．

### 2.4.2 変動する生態系

河川の流量は大小様々に変化する（この流量変動様式を流況という）．高流量の洪水時には，勢いを増した水流の侵食・運搬作用により，河道内で河床材料が輸送され地形が変状したり，氾濫原に溢れた水流が土砂を撒き散らしたりする．一方，低流量の渇水時には，水流が弱まり水位が低下し，河道内の一部区間が干出することで，水域が不連続になることがある．洪水や渇水をもたらす降水の頻度と強度は，気候や気象による変異が大きいが，湖沼や内湾も含めて

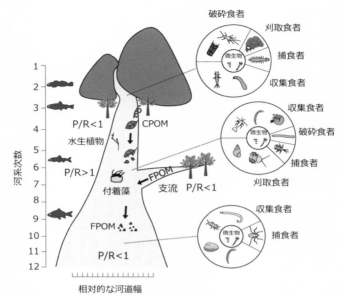

**図 2.7**　河川連続体仮説の概念図（Vannote *et al.*, 1980 を改変）

**表 2.3**　魚類と底生無脊椎動物の摂食機能群と特徴（中村，2013 より作成）

| | | |
|---|---|---|
| 魚類 | 藻類食者 | 主に川底に繁茂する付着藻や，水草などを食べる |
| | 無脊椎動物食者 | 水面や川底，流下する無脊椎動物を食べる |
| | 雑食者 | 植物性や，動物性の食物を両方とも食べる |
| | デトリタス食者 | 水中や川底の微細有機物を食べる |
| | 魚食者 | 他の魚を食べる |
| 底生無脊椎動物 | 破砕食者 | 落葉（粗大有機物）などを粉砕して食べる |
| | 収集食者 | 微細有機物を食べる．ろ過食者と採集食者に細分される |
| | ろ過食者 | 流下する微細有機物を網や口器などでろ過して食べる |
| | 採集食者 | 川底に堆積した微細有機物を集めて食べる |
| | 刈取食者 | 主に川底に繁茂する付着藻を刈り取って食べる |
| | 捕食者 | 他の動物を食べる |

陸水域の底生無脊椎動物には，幼虫期を水中で過ごす水生昆虫やクモ・甲殻類などの節足動物，ミミズ・ヒルなどの環形動物，ウズムシなどの扁形動物，貝類などの軟体動物をはじめ，幅広い分類群が含まれる．

　陸水域は変動する外力にさらされている．そこに生息する生物にとっても，生息環境（ハビタット）の条件が不連続に変わる"攪乱"をしばしば受けることから，陸水域では変動に適応した生態系が成立するといえる．

　攪乱の定義を「生物を排除する不連続な出来事」（Townsend and Hildrew,

1994）とすれば，陸水域生態系に対する攪乱としては，①洪水流／土石流，②津波／遡上流，③強風／竜巻，④崩壊による地形変状，⑤渇水／干ばつ，⑥有害物質の飛来／流入，⑦過度な漁獲／放流，⑧侵略的外来種の移入，⑨人工工作物の設置などが考えられる．本書では，前記した定義に自然現象に由来する事象という条件を付与したうえで，自然現象に由来する①〜⑥を攪乱として扱う．既往研究における攪乱の定義は様々であるが（Lake, 1990），火山の噴火などのカタストロフィーを含め，慣習的に攪乱とされてきた事象は上記に反していない．なお，人間社会に被害を及ぼす"災害"と陸水の関係については10章で記述する．

　これまでの研究では，各種生態系における生物多様性について理解しようとする中で，作用する攪乱の頻度が注目されてきた．生態学の教科書にも紹介される中規模攪乱仮説では，中程度の攪乱作用がはたらいた場合に，攪乱が作用した一部の生息場所（パッチ）から生物が排除されて生じる空き地（ギャップ）において種間競争がはたらくことにより，全体としての種の多様性が最大になるとされている（Connell, 1978）．河川の生物群集については，河床が動く頻度を攪乱とみなし，この仮説を支持した報告もあるが（Townsend *et al.*, 1997），底生無脊椎動物群集においては種間競争が強くはたらかないことなどにより，より複雑なメカニズムの存在を示唆する報告も多い．詳細には，河川生態学の専門書（中村，2013）などを参照されたい．

### 2.4.3　上流域から下流域で変化する生物群集の実際

　木曽川流域を例に，上流から下流にかけての淡水魚類と底生無脊椎動物の各摂食機能群の平均種数の変化を図2.8に示した．「河川連続体仮説」（図2.7）に基づくと，上流では粗大有機物を食べる破砕食者が多く，中流では藻類を食べる藻類食者や刈取食者，下流では微細有機物を食べるろ過食者などが多くなるとされている．木曽川の上流（セグメントM）では淡水魚類，底生無脊椎動物とともに地点あたりの総種数は他のセグメントに比べて少なく，無脊椎動物食者や破砕食者の占める割合が高いことがわかる．一方で，中流域（セグメント1，2-1，2-2）ではほぼすべての摂食機能群において種数が多くなっている．河川連続体仮説において，中流域の代表となる藻類食者や刈取食者の種数もセグ

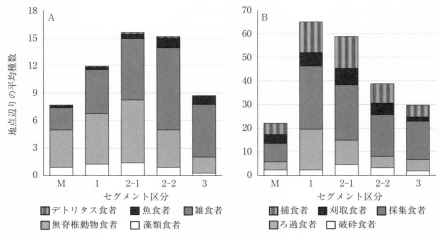

**図 2.8**　木曽川流域のセグメント区分における淡水魚（A）と底生無脊椎動物（B）の各摂食機能群の出現種数（国土交通省「河川環境データベース」より作成）

メント 1〜2-1 で最大化し，2-2 以降は減少している．下流（セグメント 3）に向かうと地点あたりの総種数は下がるが，魚食者，雑食者，ろ過食者の種数は中流域と比較してもあまり減少せず，全体に占める割合が高くなっている．

　湖沼や河川には，淡水以外に海水が混じり合う汽水域（湖沼では汽水湖といい，河川では感潮域ともいう）があり，日周・月周的に水位や塩分濃度が変動する（5.1 節，8.1 節参照）．塩分濃度の急激な変化を伴う水域も含まれるため，そうした条件に適応したヤマトシジミなどの特定生物に限定される一方で，陸域と海域の両方からの栄養塩供給があるため，高い生産性で知られる（8.2 節参照）．干潟など特定の景観やその機能に着目した調査事例は積み重ねられてきたが（8.2 節，8.3 節参照），陸水と海水の境界領域であることから未着手な現象や過程も多く，その実態解明にはさらなる研究が待たれる（西條・奥田，1996）．

[田代　喬・末吉正尚]

# 3 源流域と河川上流域

## 3.1 上流域の地質，地形

### 3.1.1 河川上流域の範囲

　日本の河川の大部分は山地をその源とすることから，ここでは山地・丘陵の源流から谷を流れる区間を河川上流域とする．河川の源流は，山地斜面の地下水が谷底に湧出して概ね恒常的に流水がみられる湧水点として認識される．この地点は，河系次数（2.1 節参照）における 1 次水流の起点でもある（鈴木，2000）．1 つの河川水系には複数の支川があるが，一般的には本川の最上流の湧水点がその河川の水源として認識されている．

　上流域の河川は，一般的には両側を山地斜面に拘束された谷を流れている．川の両岸が山地斜面に拘束された谷を渓谷，渓谷を流れる川を渓流と呼ぶ．さらに河床が水流により侵食されて低下（下刻）し，両岸が切り立った崖となった谷は峡谷と呼ばれる．渓谷／峡谷には，相対的に狭い区間（狭窄部）と広い区間（拡幅部）があり，拡幅部や湾曲部の内岸には土砂が堆積しやすく，平水時には河原として認識されるような空間がみられる．川幅に対して谷幅が広い区間では，土砂が堆積する空間も広いために，中流域の谷底平野（4.1 節参照）に類似した地形がみられる．しかし，渓流は河床に岩盤が露出していたり，堆積物のすぐ下に基盤岩があったり，河岸が山地斜面や岩盤によって拘束されていたりと，中・下流域の河川にはみられない特徴がある．また，渓流のみならず渓谷／峡谷の地形は，水流と流砂による侵食作用によって形成されたものであるから，それらを構成する石礫，土砂や岩盤を含めて集水域の地質特性を反映したものとなっている．河川上流域の景観は，その川が流れる山地・丘陵の地形・地質と非常に密接な関係にある（口絵①参照）．

### 3.1.2 上流域の土砂動態

山間地の区間では，流路が合流する地点で集水域面積が増加するために，流路の勾配や断面形も合流点を境に不連続に変化する（山本，2014）．山地は，河川を流下する土砂の生産源であるから，上流域の河川には様々なかたちで土砂が供給される（太田・高橋，1999；山本，2014）．豪雨や雪崩などによる山地斜面の表面侵食・表層崩壊，地すべりでは，河川に横から直接的に土砂が供給される．時として川が堰き止められ，「天然ダム」が形成されることもある．多量の土砂が水と混合して谷を駆け下る土石流は，谷の最上流部（源頭部）から谷のどこかで豪雨などによって発生した表層崩壊により生じた土砂と水の混合物が，谷を駆け下る現象である．土石流は流下する過程で河床堆積物を侵食しながら量と勢いを増す．流路の勾配により，勾配が10〜15°の区間が土石流流下区間，2〜10°の区間では土石流が停止・堆積するとされる（山本，2014）．

山地斜面や河岸に堆積した土砂は，その後の出水によって一気に，あるいは，少しずつ流下していくが，大規模な土石流の堆積物は量が多いために，高位段丘として滞留することもある（太田・高橋，1999）．渓流に面した山地斜面の脚部や渓岸の堆積土砂が，流水により侵食されることによっても土砂供給は起こる．斜面脚部が侵食を受けると斜面を覆う土砂が不安定になって崩落したり，緩い斜面であれば斜面全体がゆっくりとずり落ちたりする（匍行という）．ここで述べた現象や土砂を押し流す出水は頻繁に生じるものではないため，上流域における土砂動態は時空間的に不連続である．一方，上流域の河川では土砂生産源が近いために，巨大な岩から非常に細かい粘土・シルトまで，河川に存在する土砂の粒径の幅が広いのも特徴である．土砂は粒径が小さいほど，比重が小さいほど流水に運ばれやすい．粘土・シルトは洪水時の濁りとして認識され，一出水で河口までたどり着くこともできる．砂や礫は，出水による移動と停止を繰り返しながら，断続的にしか輸送されない．

### 3.1.3 上流域の河川地形

河川上流域の河川地形は，山本（1994）の整理においてはセグメントMに位置づけられているが（2.1節参照），対象となる区間の勾配は幅広く，集水域の地形・地質に強く影響を受けているために多様である．河川地形を分類する試

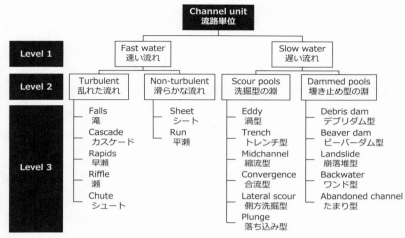

**図 3.1**　山地河川における流路単位スケールの階層的な地形・生息場所分類（永山ほか，2015a を改変）
レベル 1〜3 の階層的な分類は，調査の目的に応じて選択できる．レベルが高いほどより特定の流路単位が識別できるが，現場での見極めは必ずしも容易ではない．

みは河川生態学や地形学の分野で行われてきている．河川環境を体系的に理解するためにも，得られた知見を共有するための共通言語としても，これらの河川地形分類は有用である．セグメントスケール・リーチスケールの河川地形を分類した Montgomery and Buffington（1997）では，セグメントを崩積タイプ，基岩タイプ，沖積タイプの 3 つに区分した．沖積タイプは，さらに 6 つのリーチタイプに区分される（原田ほか，2019）．河川上流域では，このすべてのタイプが現れる可能性がある．これらの河川地形区分については，河川生態学分野において体系的に整理されており（中村，2013；原田ほか，2019），図 3.1 には山地河川にみられる流路単位スケールでの地形区分の例を示している．

### 3.1.4　上流域における人為的改変の影響

　一見自然度が高くみえる山地渓流にも，様々な人工構造物が設置されている．治山ダムや砂防ダムは渓谷／峡谷を遮るように設置され，渓床や渓岸に土砂を堆積させ，利水ダムや取水堰は，農業用水，発電用水などへの水利用のため，渓流から一定量の取水を行う（3.4 節参照）．これらの"堰堤"は，渓床の縦断的な落差や局所的な止水環境を伴って水系の連続性を物理的に隔絶させるた

め，土砂やその他の物質の動態に影響を与えるだけでなく，生物の移動を阻害して生物群集を分断化させる（太田・高橋，1999）．こうした不連続性の改善のため，治山／砂防ダムでは，堰堤の中央を渓床まで切り欠いてスリット化する透過型堰堤への転換が進められている．透過型堰堤は，土石流や流木の流下は防ぐが，平水時の水・土砂の流れは妨げずに生物の移動阻害を軽減するとされる．しかしながら，環境影響をどの程度軽減できているのか不明な点が多く，知見の蓄積が待たれる．また，堤高の低い堰堤を中心に，漁業権者からの要望を受けて事業者が魚道を設置するケースも増えている．

　利水ダムや取水堰の下流では取水により河川流量が減少するが，特に水力発電に伴う「減水区間」では河川水の大部分を取水する．1999 年時点の一級河川における減水区間総延長は約 9,500 km にも及ぶが（国土交通省，2003），特に小渓流では，長期にわたって「瀬切れ」が生じるなど，深刻な環境影響が報告されている（田代ほか，2015）．一方，減水区間の解消に向け，建設省は経済産業省と協議・調整を図り，発電水利権の更新時に河川維持流量（正常流量，または，環境流量）の放水を新たに義務づける「発電ガイドライン」を策定し（建設省河川局，1988），減水区間の延長が 10 km 以上の区間を対象に，総延長約 3,100 km に達する改善（1999 年時点）が進んだ（国土交通省，2003）．しかし，減水区間の規模が規定に満たない山地渓流では，上流発電所の放水口と下流発電所の取水口が近接する「シリーズ発電」や，本川に設置された発電所に向けて複数の支川から取水し水系にまたがって集水するケースも散見されるなど，減水区間をめぐる問題の構造が複雑であることが対応を困難にしている．

　堰堤のような大きな工作物がみられない区間であっても，砂防事業・河川事業によって改修され，様々な人工工作物が設置されている．これらの改修は当然，防御すべき対象や目的があって施されたものであるが，自然度が高い渓流と比べると縦断的・横断的な連続性が低下しており，本来渓流が備えていた生態的機能が損なわれていることが多い．例えば，渓流の生態系に渓畔林は重要な役割をもつが（太田・高橋，1999；中村，2013），河川改修では多くの場合，管理道や護岸の整備に伴って渓畔林と河川が分断されることが多い．また，自然度の高い渓流では，巨石同士がかみ合った強固な構造が形成されることによって，出水に対して河床が安定するとともに平水時には小滝と淵が連続した地

形が渓流の生物に生息場所を提供しているが，河岸保護のために平滑な護岸を整備すると，結果として出水時に巨石が流失して激しい河床低下が誘発され，河床の安定が損なわれることもある．河床を安定させるために設置された床固工，洪水時の流れを減勢するために設置された落差工などは，平水時には水生生物の移動を阻害していることも多い．

　上流域においては，渓流だけでなく，上下流／横断方向のつながり，周囲の地形地質との関係性の中で，河川をシステムとしてみる視点が重要である．

[原田守啓]

### ●コラム 3　無機酸性河川

　陸水が酸性化する主な原因としては，酸性降下物（酸性雨など）によるものと火山由来によるものがあげられる．土壌酸緩衝能の高い日本においては，ヨーロッパ各地ほど酸性雨の被害はなかった．ただ，環太平洋造山帯に位置し，いくつもの火山を有する日本では，酸性温泉や噴火口起源，噴火後の火山噴出物の影響により酸性化する河川や湖沼などの報告がある．すでに 1900 年代前半には田中阿歌麿や上野益三による長野県大沼池の酸性湖沼調査報告があり，近年では宮崎県硫黄山や御嶽山の噴火後

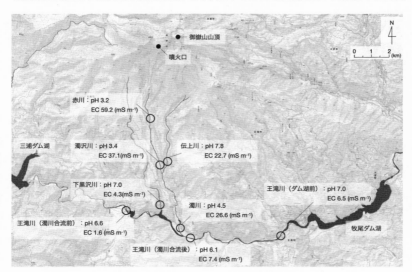

**図 3.2**　御嶽山南麓の各河川の pH および EC（「地理院地図」より作成）
2019 年 9 月 11 日に採水，ただし王滝川（ダム湖前）は 2019 年 9 月 12 日に採水．

の酸性河川水調査が行われている.

　日本陸水学会東海支部が, 2014 年の有史以来 2 回目の中規模噴火を起こした御嶽山南麓部の河川生態系調査を開始し, 河川水質の空間分布特性を示したのが図 3.2 である. 火口を水源とする濁沢川, 大規模崩壊地を水源とする伝上川, 噴火や土砂崩壊といった自然攪乱を受けていない下黒沢とでは大きく水質が異なることがわかる. 火山域には強酸性の特徴的な水質環境が現れ, それが独特な河川生態系を生み出している (Nozaki *et al*., 2020). また, その生態系の形成には水質だけでなく, 火山地域特有の頻度の高い河川攪乱現象が発生していることも忘れてはならない.　　　**[松本嘉孝]**

---

### ●コラム 4　無機酸性河川周辺のキノコ

　コラム 3 で示されている通り, 御嶽山南麓には無機酸性河川が数多く存在する. 赤川も御嶽山南麓に位置する強い酸性（pH3.2）を示す無機酸性河川である. この赤川周辺では河川の酸や火山泥流などによってきわめて強い酸性を示す土壌が広がる. 一般的に pH4.5 以下の土壌は「極強酸性土壌」に区分される. 極強酸性土壌では $Al^{3+}$ や $Fe^{3+}$ が可溶化し, リン酸が不可給態化するため植物の生育阻害や菌類や土壌微生物の活性不良が発生する.

　赤川周辺の森林土壌は pH4.1 と極強酸性土壌であるが, クリイロハナイグチ（*Suillus clintonianus*）やハンノキイグチ（*Gyrodon* sp.）などの菌根性のキノコが数多く分布している（図 3.3 ①・②）. これらのキノコは, マツ科やハンノキ科の樹木と共生する「菌根性」のキノコであり, 子実体の周辺には宿主となる樹木をみることができる.

　赤川の河川敷に広がる土壌は pH2.1 を示す. pH が 3 を下回ると酸によって直接, 植物の根茎や菌糸が被害を受けるため, 一般的に植物や菌類の生育が難しい土壌とされている. しかし, この土壌上にもモリノカレバタケ（*Collybia dryophila*）・ヌメリスギタケ（*Pholiota adiposa*）など落葉などを分解することで生活する「腐生性」のキノコ

| 番号 | 種名 | 学名 |
|---|---|---|
| ① | クリイロハナイグチ | *Suillus clintonianus* |
| ② | テングタケ属の一種（種名不明） | *Amanita* sp. |
| ③ | ビョウタケ目の一種（種名・属名不明） | *Helotiales* sp. |
| ④ | モリノカレバタケ | *Collybia dryophila* |

**図 3.3**　赤川流域のキノコ（2019 年）

を数多くみることができる（図 3.3 ③・④）．しかし，先述した菌根性のキノコは一切発見することができない．おそらく，このような環境下では宿主となる樹木が生育できないためであろう．また，これらの腐生性のキノコは酸に耐性をもっている可能性も示唆されており，今後の研究が期待されている．このように強酸性河川の周辺地域であってもキノコは生育可能な土地や宿主を見つけて細々と生き延びている．

[安井　瞭]

## 3.2　森林域における水・物質移動

### 3.2.1　森林からの水の流出

　森林での晴天時と降雨時における水の移動の様子を図 3.4 に示す．晴天時において，植生での蒸発散や河川水面からの蒸発が起こり，多くの水が大気へと移動している．また，河川の水は，基岩の上部ないし内部に溜まっている地下水が流出し形成されている．一方で降雨時には，降雨の一部は，木々の遮断を受けるが，地表，そして土壌層，基岩層を経由して河川へと流出する．その際，地下水とともに地下水位が上昇することで，中間流が発生したり，地表面から直接，河道へと流れる地表流が発生したりする．このように新たに流出経路が発生し水が流れることが，降雨時に河川の流量を増加させる直接的な原因となる．

　降雨の時間変化を示したものをハイエトグラフ，河川流量の時間変化を示し

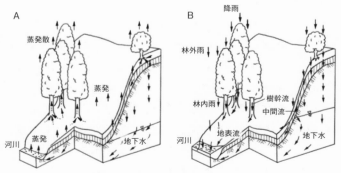

**図 3.4**　森林斜面での水移動概念図（谷，1992 を改変）
晴天時（A），降雨時（B）.

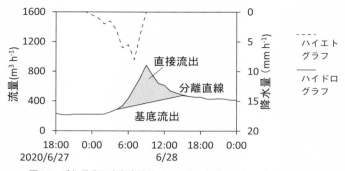

**図 3.5**　愛知県豊田市御内流域でのハイエトグラフとハイドログラフ

たものをハイドログラフと呼ぶ．図 3.5 は，愛知県豊田市の御内流域における
渓流（口絵①参照）の 2020 年 6 月 27〜28 日ハイエトグラフおよびハイドログ
ラフである．降水量の増加により，流量は増加し，降雨停止後，流量が逓減し
ている様子がわかる．ただ，降水量と流量のピーク時間は異なっており，これ
は，水の流出経路や，基岩の透水性の違いによるものである．また，ハイドロ
グラフにおいて，降雨が比較的短時間に河川へ流出するものを直接流出といい，
一方，長い時間をかけて河川に流出するものを基底流出という．ハイドログラ
フの直接流出と基底流出の分離手法については，様々なものが提案されている
が，分離直線の傾きを一定値の $0.55\,\mathrm{L\,s^{-1}\,km^{-2}\,h^{-1}}$（Hewlett and Hibbert, 1967）
として分離することが多い．

### 3.2.2　森林の蒸発散

　森林の土壌水分は森林植生により土壌中の水分を吸い上げられ，葉より大気
中に水蒸気として移動する．この植物が光合成を行う際に葉の気孔から移動す
る現象を蒸散という．また，蒸発とは，降雨により，葉の表面や木枝についた
水分が太陽エネルギーにより大気中へと水蒸気となることをいう．これら両者
を足し合わせたものが蒸発散である．蒸発散量の推定は，森林流域の水収支に
基づく方法，林冠上の微気象観測による推定，蒸散や地面蒸発など林内の動き
を個別に測定して積み上げる方法などが用いられている（澤野ほか, 2016）．こ
のうち，最も簡易的な推定手法として水収支法がある．これは，年間の降水量
から河川流出量，土壌による水貯留量の変化を差し引くことで蒸発散量を求め

るものである．本来，流域の水収支を考える場合，2.2.1 項の水収支式（1）のように，地下水貯留の変化を考慮する必要があるが，森林の斜面域を対象とする場合，地下への浸透水はすべて河川へ流出すると仮定し，水貯留量の変化がきわめて小さく無視できると考え，蒸発散量を降水量と河川流出量の差とする．愛知県豊田市の御内流域（針葉樹林）と瀬戸市の白坂流域（広葉樹林）において 2014 年から 2020 年の 7 年間，水収支法による蒸発散量を推定した結果，平均値はそれぞれ 1,274 mm，800 mm であった．日本の森林河川での蒸発散量は 440〜1,267 mm と幅広く分布しており（Sawano *et al.*, 2015），両流域とも，文献値の範囲に入った．また，両流域での蒸発散量を比較すると，針葉樹林のほうが多い．この要因の 1 つとして，針葉樹林は広葉樹林に比べ蒸発散量に占める遮断蒸発量の割合が大きい（久田ほか，2011）ため，遮断蒸発量の違いが蒸発散量の違いに寄与していると考えられる．

### 3.2.3　森林内の渓流を介した土砂・物質の移動

　森林に降った雨は陸域を通過後，渓流を介して土砂や様々な物質を下流へ輸送する．近年では気候変動の影響によるとされる短期間集中豪雨が頻発しており（気象庁，2021）（1.2.1 項参照），森林がもつ保水力の限界を超えた場合，崖崩れなどの土砂災害が日本各地で発生している．このため，砂防という観点からも，森林のもつ土砂災害防止機能が今後ますます重要とされる．

　森林の植物体は主に有機物から構成されており，炭素の貯蔵庫としての役割を担っている．渓流脇の渓畔林から，落葉・落枝などの粗大有機物や地下水や地表水に溶存した有機物が渓流に流入する（長坂ほか，2015）（口絵①参照）．また，渓流内の有機物の移動には，降雨に伴う水文現象が大きく寄与している．例えば，落葉樹林の流域では，微細有機物（粒径 0.7 μm〜1 mm）中の有機炭素流出量が，降雨に伴う出水時前後で 110 倍異なる（Lee *et al.*, 2016）ことが報告されており，平水時より運搬される量が多くなることがわかる．そのほかにも栄養塩類を含め様々な物質が森林水系を通して移動している（ライケンス・ボーマン，1997）．　　　　　　　　　　　　　　　　　　**［江端一徳・松本嘉孝］**

### ●コラム 5　森の中に降り注ぐ雨

　森の中を通過する雨の経路は，季節変化や常緑樹，落葉樹，針葉樹など葉の形状が
影響する．雨の集めやすい葉，樹幹に集めやすい枝葉など，樹木の形状は様々である
ため，これにあわせて雨の通過経路も複雑となる．

　図 3.6 は落葉樹と常緑樹の下で計測した樹冠通過雨量の計測例である．落葉樹の下
（図 3.6A）では樹冠通過雨量は林外雨量よりも少ないが，一方の常緑樹（図 3.6B）で
は林外雨量よりも樹冠通過雨量が多くなっている場所が確認される．これは葉によっ
て雨粒が集まり，集中的に通過してきたものと考えられる．

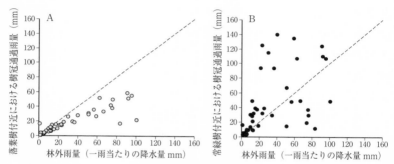

**図 3.6**　異なる樹木における樹冠通過雨量の計測事例（愛知県瀬戸市）
落葉樹（A），常緑樹（B）．

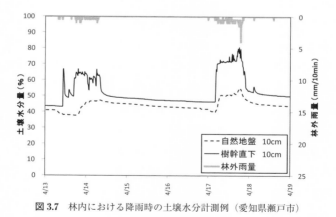

**図 3.7**　林内における降雨時の土壌水分計測例（愛知県瀬戸市）

　樹幹流についてはどうだろうか．図 3.7 は林内の土壌水分を観測した事例である．
樹幹の直下に設置した土壌水分計は樹幹流の影響により顕著に反応しているが，樹木

から離れた林内の土壌（自然地盤）では水分量の変化は緩やかになっている.

　このように森の中に降り注ぐ雨の行く先は複雑である. まるで樹木たちが自分たちの都合のいいように雨を集めているようにもみえる.　　　　　　　　　**［新實智嗣］**

## 3.3　上流域の生態系

### 3.3.1　上流域の生物群集と渓畔林との関係

　上流域の生物群集は, 渓畔林と密接な関係がある. 渓畔林には, 日射の遮断, 陸生無脊椎動物の供給, 倒木の供給, 落葉の供給といった様々な機能がある（中野, 2003；中村, 2013）. 上流域は, 夏季でも水温が低く保持されている. これは渓畔林によって日射が遮断されるためで（口絵①参照）, その効果によってイワナ（口絵③参照）やヤマメといった冷水性魚類の生息が可能となっている. また, 夏季は, 渓畔林から落下する陸生無脊椎動物が魚類の重要な餌となっている. このほか, 流路に落ち込んだ倒木ならびに上流から流送されてきた倒木は倒流木と呼ばれ, それらの集積によって形成された暗く流れの緩やかな場所（カバー）は魚類の生息場所として, あるいは捕食者からの退避場所として利用されている. こうした渓畔林の存在とその機能は, 上流域の魚類の生息に必須のものといえる.

　渓畔林には, 落葉など粗大有機物（CPOM）の供給という重要な機能もある（2.4 節参照）. 日本の内陸部では, 一般に渓畔林で優占するのは落葉広葉樹である. 秋季になると大量の落葉が河川に供給され, 水流の緩やかな箇所に堆積あるいは礫に捕捉される. それらの落葉は, 水流による物理的な変性, 水溶性成分の溶脱, 菌類や細菌類の定着・増殖による変性を経て柔らかくなり, 底生無脊椎動物が摂食可能な状態になる. 変性後の落葉を摂食するコカクツツトビケラ属やガガンボ科の幼虫, ヨコエビ属といった底生無脊椎動物は破砕食者と呼ばれる. 落葉は, 破砕食者の摂食によって粒径1 mm 未満の微細有機物（FPOM）へと分解され, その微細有機物はモンカゲロウ属やブユ科の幼虫といった収集食者に摂食される. 破砕食者や収集食者は, ナガレトビケラ属やヘビトンボの幼虫といった捕食者の餌となる. さらに, それら底生無脊椎動物は魚類の餌と

なる．こうした粗大有機物を起源とする食物連鎖は，腐食連鎖と呼ばれる（2.4節参照）．

　夏季は渓畔林によって日射が遮断されているが，秋季の落葉後は日射が流路内に到達するようになる．そのため，礫の表面の付着藻の生産性が向上し，翌年の春季にかけてその付着藻を摂食するヒラタカゲロウ属やヤマトビケラ属の幼虫といった底生無脊椎動物の現存量が増加する．これらは刈取食者と呼ばれ，その摂食後に生じる微細有機物は収集食者に摂食され，さらにこれらの底生無脊椎動物は捕食者の餌となる．このような付着藻を起源とする食物連鎖は，生食連鎖と呼ばれる（2.4節参照）．渓畔林による被覆の度合いは樹木の密度や高さあるいは地形によって変動するが，水面幅が狭い河川ほど日射が入りにくく，水面幅が広い河川ほど日射が入りやすい傾向がある（図3.8）．そのため，秋季から春季にかけての食物網は，最上流や支川では腐食連鎖が主体であるが，他の河川と合流して水面幅が広がるにつれて生食連鎖の割合が徐々に大きくなると考えられる．また，夏季の水温や陸生無脊椎動物の落下量も水面幅に応じて変動する可能性があり，最上流や支川ほど水温が低く，陸生無脊椎動物の落下量が多いと考えられる．

　落葉のように河川外から供給される有機物は他生性有機物，付着藻のように河川内で生産される有機物は自生性有機物として区別される．ただし，落葉と付着藻はいずれも秋季以降に豊富になるという点で共通している．そのため，翌年の春季にかけて，それらを摂食する底生無脊椎動物の現存量が増加する傾

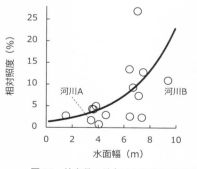

**図3.8**　岐阜県の長良川上流域の15河川における水面幅と相対照度の関係と2河川の様子　図中の曲線は一般化線形モデルで推定．

向がある．春季の開葉前の渓畔林には陸生無脊椎動物が少ないが，河川では前年の秋季から成長した底生無脊椎動物が生息しており，それらが魚類の餌として利用される．また，この時期にはカゲロウやトビケラなどの羽化が盛んになり，多数の成虫が河川周辺を飛翔する．これらは羽化水生昆虫と呼ばれ，陸生無脊椎動物が少ないこの時期，渓畔林に生息する鳥類の餌として利用されている．

　以上のように，渓畔林は生息環境の形成ならびにエネルギーの供給によって河川の生物に寄与しており，それらの影響は被食・捕食を通じて河川の生物群集全体に波及している．また，河川は春季の羽化水生昆虫を供給することによって渓畔林の生物に寄与している．上流域の生態系は渓畔林を含めて一体的に捉えることが不可欠である．

### 3.3.2　上流域の環境改変と生物への影響

　上流域には，土砂災害の防止あるいは山林の保全を目的とする砂防堰堤，床固工，谷止工といった河川横断工作物（以下，堰堤と記述）が多数設置されている（図3.9）．そうした堰堤が河川の生物に及ぼす影響として，まず，魚類の遡上阻害があげられる．イワナ（口絵③参照）やアマゴの例では，高度経済成長期以降に急増した堰堤によって生息水域の分断が進行している（遠藤ほか，2006）．堰堤の上流側に孤立した個体群は，その生息水域が狭小であるほど絶滅の危険性が高まると考えられている．また，堰堤が設置された河川では，河床材料組成の変化，流路の単調化，渓畔林の消失に伴う夏季の水温上昇といった

**図3.9**　堰堤が設置された河川（A）と周辺が人工林に改変された河川（B）

現象も生じている（Kishi and Maekawa, 2009；大浜ほか, 2009）．これらのような物理環境の改変が生物に及ぼす影響を軽減すべく，近年，新たに設置される堰堤では透過型の構造が採用されているほか，既存の不透過型の堰堤でも魚道の付設あるいは透過型への改修も行われている（3.1節参照）．なお，遊漁の対象となるイワナ，ヤマメ，アマゴといった魚類は，各地で養殖個体の放流が行われてきたため，それとの交雑によって在来個体群が減少している．ただし，堰堤があると，放流された個体あるいは交雑した個体の遡上が阻止されるため，その上流側に在来個体群が残存している場合がある．堰堤が設置された当初はそうした機能は想定されていなかったが，在来個体群の保全のためには，あえて不透過型のままで維持することが必要な堰堤も存在する．魚道の付設あるいは透過型への改修の際には，施工前の現状の把握ならびに施工後の効果の予測のほか，在来個体群の有無も勘案して施工対象となる堰堤を選定することが望まれる．

　スギやヒノキなどの植栽（人工林化）による渓畔林の樹種組成の改変も，各地の河川に広く該当する現象である（図3.9B）．人工林化に伴う河川の生物群集への影響として，腐食連鎖の変化があげられる．例えば，スギは落葉広葉樹の落葉とは化学的にも物理的にも形質が異なっており，摂食可能な破砕食者はヨコエビ属といった一部の種に限定される．そのため，周辺がスギ人工林に改変された河川では底生無脊椎動物の種組成が変化している可能性がある．人工林では，光環境の変化にも注目する必要がある．間伐が実施されていない人工林の下層は，林冠が鬱閉して日中でも暗い状態になりやすい．岐阜県の円原川（長さ2.5km）はかつてカワノリの県内第一の産地として知られ，1950年代は2.5kmの範囲に連続的に分布していたとされる．2021年に円原川の131地点で光環境を調査したところ，そのうち78地点は相対照度が20%以下の暗い状態であることが確認された（岸ほか, 未発表）．同年に行ったカワノリの分布状況の調査では，生育していない地点あるいはほとんど生育していない地点が複数あり，相対照度が低い地点ではカワノリが少ない傾向が確認された．円原川におけるカワノリ分布域の縮小については，長期にわたって間伐が実施されていないスギ，ヒノキを含む渓畔林による光環境の悪化が一因であると推測された．人工林の間伐を実施して光環境を改善することで，カワノリの分布状況が好転

する可能性があるとも考えられるが，人工林の間伐が河川の生物に及ぼす効果については，まだ十分な知見が得られていない．今後は，実証試験を行って知見を蓄積することが望まれる．　　　　　　　　　　　　　　　　　　　[岸　大弼]

## 3.4　ダ　　　　ム

　河川の流れを堰き止め，水を貯めるための工作物（堤体）をダムという（口絵②参照）．国際大ダム会議は，基礎地盤から堤体の頂上（天端）までの堤高が5 m 以上，あるいは，貯水容量 300 万 m³ 以上のものをダムと定義している．日本では，「新河川法」（1964 年改定，11.1 節参照）により堤高 15 m 以上のものをダム，それに満たないものを堰と区別するが，新河川法以前に建設された工作物についてはこの区分によらない命名もみられる．また，河川から農業用水を取水する目的で設置される場合，ダムや堰以外の附帯施設や管理施設を含め，用水路の「頭」に相当することから，頭首工と呼ばれる（農林水産省，2016）．日本にダムは約 3,000 基あり，全都道府県に設置されている．

　ダムや堰のほか，水門，堤防，護岸などの施設を河川管理施設というが，構造上で必要とされる技術的な基準を定めた「河川管理施設等構造令」において，堰は「流水を制御するために，河川を横断して設けられるダム以外の施設で，堤防の機能を有しないもの」，水門は「河川または水路を横断して設けられる制水施設であって，堤防の機能を有するもの」とされる．ゲートを有する堰と水門の外観はよく似るが，洪水時に堰はゲートを開けるのに対し，水門はゲートを閉じるという違いがある．

### 3.4.1　ダムの役割

　ダムには，水害を防ぐための洪水調節（flood control），流水の正常な機能の維持（normal function of the river water）のほか，農業（agriculture）・上水道（water supply）・工業（industrial water）・発電（power generation）などのために水を貯えておいて必要なときに放流する（利水）という役割（目的）がある（これらの英訳の頭文字“FNAWIP”は全国各地で配布される「ダムカード」に記載されるなど，個別ダムの目的を示すのに使われる）．ダムは，行政

関係機関（国，都道府県や水資源機構）や利水事業者（民間電力会社，一部の民間企業など）が目的に応じて建設するが，2つ以上の目的をもつダムは多目的ダムと呼ばれる．なお，砂防ダムと治山ダムは一般によく使われるが，鉱山から派生する重金属や化学物質を貯留する鉱滓ダムとともに水を貯める機能をもたないため，前記したダムの定義に照らすといずれも堰堤に区分される．このほか，日本には酸性河川が多くあるが，利根川水系吾妻川流域（群馬県）に1965年に世界で初めての酸性河川の中和を目的としてつくられた品木ダムがある．

　ダムの洪水調節（洪水を分担する能力）は，ダムがつくられる河川の河川整備計画（11章，コラム14参照）で位置づけられる．日本ではかつて，「旧河川法」（1896年公布，11.1節参照）以前より農業を中心とした水利秩序が形成されてきた．近代以降，従来の農業用水に加え，発電用水，都市用水など各種の水需要が高まり，さらに産業・経済が発展するのに伴って多くの新規利水を行う必要が生じてきた．明治期以降，取水堰や頭首工の多くが，居住地や農地近くの中流域に整備され（4章，コラム9参照），さらに，当初は治水計画で計画された多くのダムに，利水計画が付与されて多目的ダムとして竣工した事実はそうした情勢を反映している（図3.10）．

### 3.4.2　ダムの影響

河川にダムが建設されると縦断方向の連続性は分断され，水位は塞き上げら

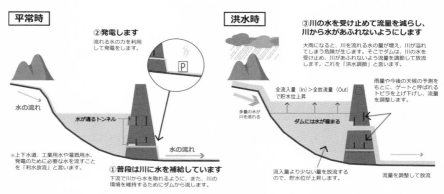

**図3.10**　多目的ダムの運用に関する概念図（国土交通省「カワナビ」を改変）

れて，貯水池やダム湖と呼ばれる止水域が生じる．上流における流水の滞留は水温・水質の変化をもたらす．その一例として，止水域内でのケイ藻類による溶存ケイ素の消費により下流への供給量が減少し，海域での植物プランクトン相の変化などが報告されている（原島，2008）．加えて，止水域での土砂堆積が促進されることで，下流では供給土砂が減少し，洪水調節や利水放流によって流況（流量変動様式）が改変される．水域の連続性の分断は，サケ，アユ，ウナギなど回遊性魚類をはじめとする生物の上・下流方向への移動を阻害し，流水域から止水域への改変は生物相を劇的に変化させる一方（谷田・竹門，1999；森，1999），上下流域の生息環境と栄養状態をも改変させ，生物群集に影響を及ぼす（香川，1999；谷田・竹門，1999；森，1999）（2.4節参照）．さらに，ダムによる流量，流砂の変動様式の改変は，広域・長期にわたって下流域の河道に影響を及ぼすことから，水域だけでなく河畔域を含む地形や植生なども変化させて景観が大きく変わることもある（4.1節参照）．ダムが生物群集に及ぼす影響は，その対象が多岐にわたり非常に多様化しているが，生物群，種類や成長段階によって変異があることを認識し，どのような現象・過程を介するかを明らかにしたうえで，体系的に理解する必要がある．

　近年，上述した生態系への影響を緩和すべく，魚道や選択取水・放流設備が設置されたダムが増え，貯水池内における植物プランクトンの増殖を抑制する曝気や人工放流と組み合わせた下流河道への土砂還元などの対策が行われてきた．さらに最近では，現状を踏まえてダムの役割を見直し，既設ダムの再編・再開発事業が進められる中で，排砂設備の導入，堤体に穴が開いた流水型ダムへの改造，古くなったダム堤体の撤去なども試行されつつある（一般社団法人ダム工学会近畿・中部ワーキンググループ，2019）．連続体と変動様式で特徴づけられる陸水の生態系（2.4節参照）の管理・保全のため，さらなる知見の蓄積が求められている．　　　　　　　　　　　　　　　　　　　　　　　　**[田代　喬]**

●コラム 6　環境 DNA：生物モニタリング方法の最前線

　環境 DNA 分析とは，生物の排泄物などに由来して環境中（水・土壌・空気など）に浮遊・存在する DNA（環境 DNA）を指標にした生物調査法であり，例えば野外で採集した水 1 L ほどに含まれる DNA の情報を調べることで，対象種の在不在や生物量などの生息状況を簡便に推定することができる．本手法の利点は野外では水の採集のみなので，短時間で多地点の調査が可能であり，また，野外作業の簡便化により水害事故などのリスクを軽減できることである．加えて，目視や捕獲などの従来の調査方法に比べて，環境 DNA 分析は対象種の検出率が高く，様々な分類群や生物種に適用可能であることもわかってきた．

　ネコギギ（*Pseudobagrus ichikawai*）（口絵④参照）は，愛知県や三重県などの河川の上・中流域の淵を選好するナマズの仲間の淡水魚である．近年，河川工事やダム建設のような生息地の改変などによる本種の個体数激減が懸念されており，生息状況の継続的なモニタリングは必要不可欠である．しかし，本種は国の天然記念物のため調査には事前の許可が必要であり，また，夜行性のため，安全確保が難しい夜間調査の実施も余儀なくされる．そこで筆者らは，最適な調査方法を提案するため，ネコギギの環境 DNA 検出系を開発して自然河川における有用性を検証した．その結果，本種の生息確認情報がある調査場所では必ず DNA が検出され，また，昼や夜，瀬や淵で検出された DNA の濃度に違いはなかった．このことは，ネコギギの環境 DNA 調査は高い検出力を有しており，また，昼夜や生息場所を考慮せずとも実施できることがわかった．さらに，本種の生息確認情報がない場所でも DNA が検出されたことから，新規の生息場所を探索できる可能性も見出された．以上のように，環境 DNA 分析は，簡便で安全な生物調査の実施や新規生息場所の発見など，多くの可能性を秘めた革新的な技術であり，今後のさらなる発展が期待される．

　　　　　　　　　　　　　　　　　　　　　　　　　　　　　　　[高原輝彦]

●コラム 7　小水力発電

　水力発電のうち，用水路や小川などに設置する小型の水力発電施設を小水力発電と呼ぶ（図 3.11）．その発電出力は 1,000 kW 以下であり，その発電出力により，小水力，ミニ水力，マイクロ水力などの区分がある．他の再生可能エネルギー発電の太陽光や風力に比べて発電量の変動が小さいことが特徴としてあげられる．

　1,000 kW の小水力発電施設では年間約 2,000 軒分の電力を供給でき，愛知県の宇連ダムに設置している小水力発電所（760 kW）が相当する．マイクロ水力発電に該当する愛知県安城市篠目童子の水車型の発電機は 200 W であり周辺の橋の照明を賄って

**図 3.11** 愛知県豊田市三河湖の支川に豊田高専名誉教授山下清
吾氏が設計，設置した小水力発電設備（500 W）
導水路と水車（A），水車（B）（写真提供：山下清吾氏）．

いる．小水力発電は大規模では売電事業が可能となるが，小規模であれば電力の地産
地消を主としている．　　　　　　　　　　　　　　　　　　　　　　　　　［松本嘉孝］

# 4 河川中流域

## 4.1 中流域の地形，景観の特徴

### 4.1.1 河川中流域の範囲

　急勾配で流れ下る山地渓流を主体とした上流域，潮位の影響を受け干潟が形成される下流域（感潮域），これらの間に挟まるすべての領域を本書では河川中流域として扱う．地形学的には，谷底平野，扇状地，自然堤防帯といわれる地形区分に相当する．上流域よりも川幅が広くなるため，河畔林によって被覆される水上の面積割合が減り開空率が大きくなる．こうした中流域の河川では，付着藻などの植物の生育に必要な光が河床に届くようになるなど，特徴的な生態系が育まれる（2.4 節，4.2 節参照）．また，中流域には淡水が流れる河川に沿って平地が広がることから，有史以来，多くの人間が住み着き，豊富な水資源を利用して文明社会が築かれてきた（4.3 節参照）．

　中流域の河川は土砂の堆積面上を流れるため，水と土砂の流れの作用が河川地形を形成する．そのため，山を形づくる基盤岩に支配された河川上流域とは異なり，河川中流域の勾配は比較的緩やかであるが，内包される環境は多様である．以下では，河川中流域の地形区分ごとに，生態学的にも重要となる地形や景観の特徴を中心に解説する．

### 4.1.2 谷底平野

　谷底平野を流れる河川は，場所ごとの特性を反映して地形や景観が大きく異なる．山からの土砂供給量が多い場合（堆積作用＞侵食作用），広い砂礫河原が形成され流路は網状を呈するが，土砂供給量が少なくなる，あるいは，下流の水位低下などによって侵食作用が大きくなると（堆積作用＜侵食作用），流路は堆積面（谷底平野）を掘り込み，一段低いところを流れるようになる．後者は

現在の中山間地によくみられる景観であり，一筋の流れが瀬や淵を交互に繰り返す流路となる．

　谷底平野を流れる河川の河床には，一般に拳大から頭大の礫が優占し，河床間隙の多い浮石状態となる．また，河床に露出した岩盤や山地斜面からの転石である大きな岩もみられることが多い．ただし，上流域の地質が風化の進んだ花崗岩類に広く覆われている場合，風化による砂（マサ）と風化していない大きな岩（コアストーン）からなる極端な粒径分布を示す．山本（1994）の整理においても，セグメント1と2-1に区分されるなど勾配や河床材料の変異は大きい（表2.1参照）．

　谷底平野を含む河川中流域の中小河川では地先の水害を抑えるとともに土地利用を最大化するために，川を直線化し，河床を掘って川幅を狭くする河川改修が長きにわたり行われてきた．これにより，河床勾配は急になり，洪水時の流れが掘り込んだ河道に集中して河床が下がったり，細かな砂礫が流されて大きな礫ばかりが残る粗粒化（アーマーコート化）が生じたりして，瀬や淵といった河川の基本構造が失われるなどの人為的な影響が生じている．

### 4.1.3　扇　状　地

　扇状地には，現在河川が流れている現河道と，すでに放棄された多くの旧河道が放射状に刻まれており，それらの間に微高地が存在する．扇状地は長い時間をかけて河川がつくり出した地形であるが，ある時間断面でみると河川の作用が及ぶ範囲はそのときの現河道に限定される．ただし，稀に起こる大規模な洪水では，周辺の旧河道にも洪水が流れ込み一時的に河川作用が及ぶ場合もある．扇状地の縦断勾配は1/1,000より急であることが多く，氾濫した水の横への広がりは限定的であるが洪水時の流れの勢いは強い．そのため，河床は上流から供給された砂礫や玉石から構成される．

　一般に扇状地の河川では，洪水のたびに多量の土砂が押し寄せるとともに，もとからあった土砂も流されて少しずつ動くため，植物の根付かない裸地状の広い砂礫河原（砂礫堆）が形成・維持される（図4.1A）．平常時の流れは河原を縫うように分岐と合流を繰り返す網状流路となる．網状流路は主流路と二次流路などに分けられ，それらと一部つながったワンド状の半止水域や，旧流路

**図 4.1** 扇状地（A）と自然堤防帯（B）における河川景観の構造（永山, 2019 を改変）

の微低地に水がたまった水域もみられる．扇状地は粗い礫が堆積した傾斜地であることから，地表に現れる表流水は少なく，礫間に潜り込む伏流水が多くなる．伏流水は砂礫河原の凹地からしみ出て，小さな流路や湿地をつくることもあれば，深く浸透して扇端部付近で豊富な湧水となって現れるものもある（7.1 節参照）．そのため，流量が少ないと，主流路においても浅い水域が干出する「瀬切れ」が生じ，水域の連続性が失われることがある．砂礫河原では，洪水による攪乱が起こらないと速やかに草本が繁茂し，それが長期間に及ぶと植生の遷移が進んで樹木に覆われるようになる．繁茂した草本や樹木は，洪水によって一部あるいは全部が根こそぎ破壊され，砂礫河原に戻ることもしばしばある．こうした洪水攪乱と植生遷移のせめぎ合いの結果として，網状流路，砂礫河原，草本地，樹林地といった各景観要素がモザイク状に分布する扇状地河川の景観がつくられる．山本（1994）は扇状地河川をセグメント 1 に位置づけ，直線的に流れる河道の特徴を記述している（2.1 節；表 2.1 参照）．

　土砂の供給量が多い扇状地河川では本来流路変動も大きい．しかし，過去 40

**1945**　　　　**1975**　　　　**2007**

**図 4.2**　扇状地や自然堤防帯の河川で見られる樹林化の様子（永山ほか，2015b）

年ほどの間に，流路変動は起きにくくなり，河川景観も大きく変貌してきている（図 4.2）．その 1 つの大きな要因が，山地上流域に設置されたダムや扇頂部付近に設置された頭首工（取水堰）などの大型の横断構造物である．これらの施設は上流からの土砂供給，特に砂粒以上の土砂（掃流砂）の流下を阻害する．上流から新たな土砂が供給されなくなった扇状地では，流路変動が抑制され，澪筋が固定化し，河床も下がる．そして，相対的に高い地形面となった砂礫河原は，洪水による攪乱を受けにくくなり，植物の定着・遷移が進んで樹林化する（図 4.2）．こうした砂礫河原の減少は，河原特有の生物・生態系の喪失を引き起こし，全国的にも大きな問題となっている．さらに，河床では細かな土砂が抜けることにより粗粒化が進行する場合がある．このように，上流からの土砂供給の遮断は，水域と陸域がつくる扇状地特有のモザイク状の河川景観，河床環境，そして生態系を大きく変化させている．

### 4.1.4　自然堤防帯

　自然堤防帯は，河道，自然堤防，後背湿地の 3 つの主要な景観要素から成り立つ（図 4.1B）．自然堤防帯の河道は，セグメント 2-1，2-2 に位置づけられ（2.1 節；表 2.1 参照），1 本の蛇行流路とともに流路に沿った自然堤防を形成する．自然堤防は，洪水流が流路から溢流するとき急激に水深が浅くなるため，粗粒な砂が堆積してできる微高地であり，樹木が繁茂する．自然堤防の背後には，高頻度の氾濫と高い地下水位によって維持される後背湿地，さらに，河道

から溢れた土砂が平坦に堆積した氾濫平野が形成される．後背湿地には，沼沢地，クリーク，河跡湖（三日月湖）や分流などの水域が存在し，湿地性の植物が群生する（図 4.1B 参照）．これらの景観要素は規則的に配列されるわけではなく，実際には過去の流路変動の影響を受けて複雑に分布する．

　かつての日本では，自然堤防は宅地に利用され，後背湿地や氾濫平野は水田として利用されてきた．昭和以降の土地利用の高度化に伴い，広大な後背湿地と氾濫平野は急速に農地と都市に置き換えられた．また，河道は連続堤によってごく狭い範囲に仕切られ，滅多に氾濫しないように整備された．こうした河道と湿地の分断や喪失といった自然堤防帯における河川景観の変化は，流域の中でも最も劇的である．堤防に挟まれた自然堤防帯の河道の中でも，ここ 40 年ほどの間に景観が大きく変わってきている（図 4.2）．それは，ダムなどによる土砂供給量の減少に伴って進行した澪筋の固定，河床低下，樹林化といった扇状地河川での変化と同様である．ただし，自然堤防帯では河床材料の主体が砂であり礫よりも流されやすいため，樹林化に至る一連のプロセスの進行が速いようである．また，砂がすべて流出した河床には，過去の氾濫原堆積物からなる粘土質土層が露出し，間隙のない平坦な河床が出現する．一方，樹林化した場所に池状の水域であるワンドが形成され（口絵⑤参照），失われた湿地的な環境の代替地が含まれる河道もあるが，澪筋との比高が拡大するにつれ陸域化し，時間経過とともにその機能は低下していくため，注意を要する（永山ほか，2017）．

［永山滋也］

## 4.2　中流域の生態系

### 4.2.1　一次生産

　中流域では，河床がぬるぬるし，滑りやすくなっている．この正体は，細菌，藻類，原生生物を中心に，有機物，粘土や砂が混然一体となった付着物である（図 4.3A）．釣り人からは"水あか"と呼ばれ，釣魚として人気の高いアユの餌となる．この付着物に含まれる底生藻は付着藻とも呼ばれ，一次生産を担う独立栄養生物である．付着藻は，波長 400〜700 nm の光合成有効放射（PAR：photosynthetically active radiation）をクロロフィル等の光合成色素で吸収し，

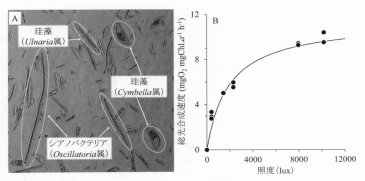

**図 4.3** A：豊川上流（愛知県設楽町清崎）で採取した付着物の顕微鏡写真（200 倍），B：矢作川の付着物の光合成-光曲線（2017 年 6 月 22 日）（野崎，未発表）

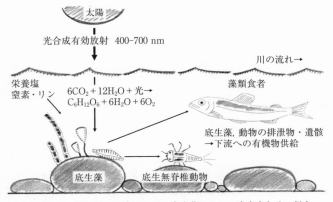

**図 4.4** 中流域の河床における底生藻による一次生産とその行方

そのエネルギーを用いて二酸化炭素と水から有機物を合成する．図 4.3B は光合成速度と光強度との関係を表した光合成-光曲線である（野崎・石田，2014）．

光合成で生産された有機物（$C_6H_{12}O_6$）は，水素，炭素，酸素の 3 元素で構成されており，呼吸（respiration；$R$）によって分解されて，エネルギー源となるアデノシン三リン酸（ATP：adenosine tri-phosphate）が合成される．一方，タンパク質や核酸などの成分を合成するために，河川水に含まれる溶存無機態窒素やリン酸態リンなどの無機塩が吸収される（図 4.4）．一次生産は，総生産（gross production；$P_G$）と呼吸を差し引いた純生産（net production；$P_N$）に区分され，

表4.1 東海地域の中～下流における8月の一次生産速度と呼吸速度

| 河川 | 全長 (km) | 場所 | 河口からの距離 (km) | 純生産 (mgC m$^{-2}$ d$^{-1}$) | 呼吸 | 文献 |
|---|---|---|---|---|---|---|
| 木曽川 | 229 | 笠松 | 40 | −1.06 | 5.75 | Gurung *et al.* (2019) |
| 長良川 | 166 | 大藪大橋 | 31 | −0.01 | 0.06 | Gurung *et al.* (2019) |
| 庄内川 | 96 | 枇杷島 | 15 | −0.20 | 2.83 | Gurung *et al.* (2019) |
| 矢作川 | 118 | 岩津 | 29 | 0.05 | 1.50 | Gurung *et al.* (2019) |
| 矢作川 | 118 | 扶桑から葵大橋 | 32～42 | 0.3～1.0 | 0.25～0.80 | 内田ほか (2021) |

$$P_G - R = P_N \tag{4}$$

の関係になる．純生産によって増殖した付着藻は底生無脊椎動物や魚類などの消費者に摂食された後，一部は剥離して消費者の遺骸や排泄物とともに懸濁態有機物として下流に運搬され，分解者によっても利用される（図4.4，2.4節参照）．

表4.1には，東海地域で8月に推定された，河川の純生産と呼吸を示す．Gurung *et al.* (2019) は，溶存酸素計による連続観測（萱場，2005），内田ほか (2021) は，現場の石礫を透明なビニール袋で囲う袋法による実測値から算出している．矢作川以外の河川は，純生産が負の値となり，外部からの資源供給によって成り立つ従属栄養的な場となっている．内田ほか (2021) は，矢作川中流の44 km区間の瀬4 km$^2$においてアユの好適な生息地である瀬全体の8月の純生産を1,621 kgC d$^{-1}$と推定し，体長15～18 cmのアユ120万匹の生息を支えられると考察している．                                              [野崎健太郎]

## 4.2.2 中流域の生物相

### (1) 中流域の多様な餌資源が育む豊富な生物種

河川中流域には，太陽光が射し込む開けた空間（河道）に浅い水域が広がる．河床の玉石や砂礫の表面では付着藻による光合成（一次生産）が活発に行われることから（4.2.1項参照），底生無脊椎動物では刈取食者，魚類ではアユ（4.2.4項参照）に代表される藻類食者の現存量（生物体量）が大きくなる．河道内ではモザイク状に微地形が分布し，相対的に高い地形面となる河原や砂州には，草本や樹木が繁茂して植生域が形成される（4.1節参照）．河岸の植生域からは落葉や陸生無脊椎動物などが供給されるほか，上流域を起源とする粒状有機物

（POM）も流入する．そのため，破砕食者，ろ過食者・採集食者に区分される収集食者といったサイズの異なる有機物を餌とする無脊椎動物も多く，魚類ではデトリタス食者とともに無脊椎動物食者の種数が増加する（図 2.8 参照）．さらに，このように多様な種が豊富に生息することから，無脊椎動物，魚類ともに捕食者の種数も多くなる（図 2.8 参照）．河川中流域では，多様な景観とそれが生み出す餌資源により，各種の摂食機能群により構成される豊かな生物相が成立している．

## (2) 洪水攪乱が作り出す河川–氾濫原システムの変化

洪水による攪乱は，河床の玉石や砂礫を移動させて付着藻の剥離・更新を促し，侵食・運搬・堆積作用により植生域を破壊するとともに河道内の微地形を再配置させるほか，溢れる水流によって自然堤防，後背湿地や氾濫平野といった氾濫原を形成する（図 4.1 参照）．河川中流域にあって頻度・強度の異なる攪乱は，様々な要素を伴う中流域の多様な景観を形成・維持することに寄与しており，「河川–氾濫原システム」に成立する生物相はこうした攪乱による変動に適応し存続してきた．

連続堤で氾濫原から切り離された現在の河道においても，横断的な拘束が少ない中流域の河川では，洪水のたびに流路構造の変化が頻繁に生じる．扇状地や自然堤防帯を流れる河川では，澪筋を含む主流路のほかにワンドやたまりと呼ばれる水域が形成される（4.1 節参照）．Tockner *et al.*（2000）はこの横断方向の景観異質性に注目し，主流路から離れるにつれて，流水から止水に適した生物に入れ替わるように生物相が変化することを概念的に示した．図 4.5 には，この概念を現在の木曽川中流域に適用し，代表的な景観とそこに生息する典型的な生物を模式的にまとめた．ここで，ワンドは主流路（流水域）とつながる半止水域，たまりは孤立する止水域である．図には，主流路との連結性による種数の変化もあわせて示した．なお，木曽川中流域においてイタセンパラは，近年，その産卵基質となる淡水二枚貝（イシガイ類）とともに絶滅が危惧されており，生息域の保全が図られている（佐川ほか，2011）．ここで示した河川中流域の景観は，主流路以外の水域に多様な生物が生息する点で周期的・長期的な洪水によって形成される河川—氾濫原システムのそれと類似している．Negishi *et al.*（2012）は，洪水によって主流路とつながる頻度が高い水域ほど，二

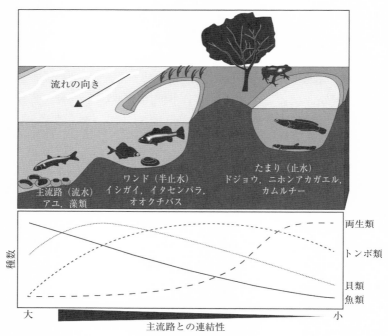

**図 4.5** 木曽川中流域の河道に形成されるワンド（半止水），たまり（止水）と各景観に特徴的な在来および外来種（Tockner *et al.*, 2000；Negishi *et al.*, 2012；Kume *et al.*, 2014；田和ほか，2019 より作成）

枚貝類が多く生息することを明らかにした．田和ほか（2019）は，濃尾平野のカエル類の分布を調べ，ニホンアカガエルとツチガエルが水田にはみられず，ワンド，たまりにのみ生息していたことを報告した．ただし，ワンドやたまりには外来種も生息し，主流路に近いほどオオクチバスやブルーギル，離れるほどカムルチーが出現する傾向にある（Kume *et al.*, 2014）．Junk *et al.*(1989) は流水域から湿地域に移行する「水域・陸域遷移帯」に着目し，生態系における氾濫原の重要性を指摘した．中流域の河道内に今も残されたこの水域・陸域遷移帯は，堤内地にみられなくなった氾濫原の要素と機能を備えた貴重な景観といえよう（応用生態工学会編，2019）．

　近年，中流域の河川では，上流のダム等による流量／土砂供給の変動様式の改変により，河道に作用する攪乱様式も大きく改変されてきた（田代，2010）．

また，河道から分離されたかつての氾濫原は，都市／農地としての高度な利用のために用・排水分離を伴う圃場整備などによる乾燥化が進められてきた．現在，かつての氾濫原に依拠する生物の多くは絶滅に瀕し（コラム8参照），その生態的機能も失われつつある（応用生態工学会編，2019）．しかし，急激な変化にさらされ続けている中流域の生態系は，攪乱と修復が高い頻度で起こることから，幸いにも現在，調査研究や保全・再生の取り組みが続けられている（河川生態学術研究会など）．今後のさらなる研究の進展と生態系の保全／再生に向けた新たな知見の発見に期待したい． ［末吉正尚・田代　喬］

## 4.2.3　食物網構造

### (1)　中流域の食物網

河川中流域における食物網の起点は付着藻であり，それを直接摂食する生物として，無脊椎動物の刈取食者と魚類の藻類食者があげられる（4.2.2項参照）．付着藻はまた，光合成（一次生産）や呼吸など日々の代謝（4.2.1項参照）や洪水時の物理的攪乱に伴って，玉石や砂礫などの付着基質から剥離して漂流することがあるが，このときに漂流する粒状有機物（POM）は，ろ過食者や採集食者の餌資源として利用される．したがって，多くの底生無脊椎動物にとって付着藻は直接／間接的な餌資源といえ，これらを摂食する魚類を支える重要な役割を果たしている．水中において栄養段階が最も高い高位消費者は魚食者の魚類（例えば，ナマズ）であるが，陸域を含めれば鳥類が最上位消費者として生態系ピラミッドの頂点に位置づけられるだろう．図4.6には，付着藻，粒状有機物と摂食機能群で区分した無脊椎動物と魚類について，捕食-被食関係を矢印で結ぶことにより食物網を模式的に示す．水深が浅く河床に日射が降り注ぐ中流域では，上流域で卓越する落葉などの粗大有機物（CPOM）や陸生無脊椎動物などの他生性有機物を起点とする腐食連鎖（3.3節参照）よりも，繁茂した付着藻（自生性有機物）を餌とする藻類食者の魚類や刈取食者の底生無脊椎動物による生食連鎖が優勢となる．

### (2)　食物網の調査と分析

食物網の基本は，対象とする環境に棲む生物の優占種や，種組成の把握であり，生物間の捕食-被食関係の明確化が不可欠である．その関係を明らかにする

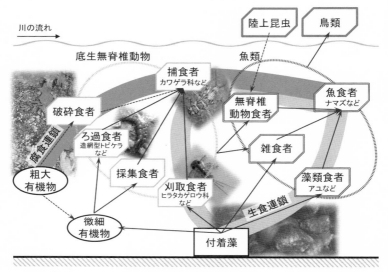

**図4.6** 河川中流域における食物網構造の例（中村，2013より作成）

ため，生物の摂食行動の観察や胃内容物の特定といった方法があるものの，そ
れから得られる一時点の情報をもって，捕食–被食関係を代表させることは困難
である．近年ではその欠点を補う調査・分析方法として，生物地球化学的分析
と数理生物学的解析が適用され，成果をあげている．

　生物地球化学的分析として最も典型的な炭素・窒素安定同位体については，
捕食–被食過程において同位体比が変化する同位体分別の原理に基づき，食物網
を形成する動植物・有機物試料中の両安定同位体比を分析するものである．安
定同位体は原子番号が同じで質量数が異なる原子であるが，食物網の分析では
主に $^{13}$C，$^{15}$N が対象であり，指標としては標準試料との差の千分率（‰）が用
いられる（表記は $\delta^{13}$C，$\delta^{15}$N）．栄養段階が高まる捕食–被食過程において，炭
素安定同位体比（$\delta^{13}$C）で約0.8‰，窒素安定同位体比（$\delta^{15}$N）で約3.3‰ずつ
濃縮される同位体分別が起こる（高津ほか，2005）．この関係に従うと，$\delta^{13}$C
と $\delta^{15}$N の散布図上において，傾き4.1（$\delta^{15}$N$/\delta^{13}$C $= 3.3/0.8$）の直線上に食物
連鎖過程に関わる動植物・有機物がプロットされる（高津ほか，2005）．図4.7
には，木曽川水系岩村川において山田ほか（2014）が調査した食物網構造を例

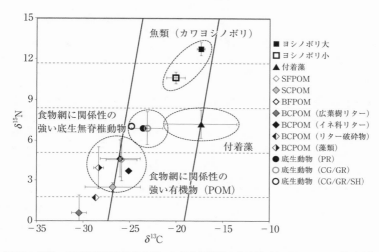

**図 4.7**　炭素・窒素安定同位体比を用いた食物網構造の分析例（山田ほか，2014 を改変）
実線：食物連鎖のつながりを示す傾き 4.1 の直線，破線：食物網に関係性の強い生物，$\delta^{15}$N 軸の目盛線：栄養段階の違いの目安（ヨシノボリ大・小の $\delta^{15}$N 値（平均値）から 3.3‰ごとに 1 段階低下），Suspended (Fine/Coarse) POM：流下（微細／粗大）有機物，Benthic (Fine/Coarse) POM：堆積（微細／粗大）有機物，PR：捕食者，CG：採集食者，GR：刈取食者，SH：破砕食者.

示する．図より，カワヨシノボリ（雑食性魚類，ヨシノボリと表記）の栄養段階が最も高く，その主要な餌資源は底生無脊椎動物のうち，陸域由来の有機物を摂食する採集食者と付着藻であったと推察できる．

　数理生物学的解析については，対象とする動植物／有機物の現存量などの未知数を求めるための連立方程式が基本となる．例えば，図 4.6 の食物網を想定すると，付着藻，底生無脊椎動物，魚類の現存量を表現する合計 10 の方程式が必要になるだろう．式（5）には，底生無脊椎動物のうち刈取食者の現存量を求める方程式を例示する（溝口，2017）．右辺第 1 項は，捕食を意味する付着藻の摂食による現存量の増加，第 2, 3 項は呼吸，死亡による減少，第 4 項は，被食を意味する捕食性の底生無脊椎動物，雑食性および無脊椎動物食性魚類の摂食による減少である．解析に際しては，様々な境界条件を適切に設定したうえで数値的な解を得ることになる．

$$\frac{dB_{bs}}{dt} = B_{bs}C_{bs} - B_{bs}(1 - G_{bs})C_{bs} - B_{bs}M_{bs} - B_{bs}(P_{bp} + P_{fo} + P_{fm}) \qquad (5)$$

ここで，$B_{bs}$ は現存量，$C_{bs}$ は増殖速度，$G_{bs}$ は総成長率，$M_{bs}$ は自然死亡速度，$P_{bp}$，$P_{fo}$，$P_{fm}$ は捕食性の底生無脊椎動物，雑食性および無脊椎動物食性魚類による捕食速度である．また，数理モデルでは，想定した様々なシナリオについて，食物網がどのように応答するか予測できる．例えば，気候変動に伴う河川水温の変化や，外来生物が持ち込まれた場合など，それらが食物網に与える直接，間接的な影響の推定が可能である．

　ここで紹介した2種の手法はまったく異なるが，いずれの解析に際しても食物網を構成する動植物・有機物はあらかじめ選定したうえで適用する必要がある．各々の生理生態に関する基礎的知見をもとに取り組むべきであり，妥当な仮説の構築なしに適切な分析は成立しえない．　　　　　　　　　　　　　［溝口裕太］

### 4.2.4　アユの生態

　アユは海と川とを行き来する1年生（寿命が1年）の回遊魚である．秋に川でふ化した仔魚は海へ降下し，沿岸の海域で冬を過ごして春に遡上する．水流を頼りに海域から上流域まで回遊するため，ダムなどの横断工作物がつくられるとその上流に止水域が生じて流水が不連続になることから大きな影響を受ける．ダムの脇に魚類などの通り道となる魚道が整備されれば上流への遡上は可能となるのに対し，下流への降下は広大なダム湖の中で出口となる魚道を見つけるのが困難になることが多い．

　アユは中流域の河川に多く生息し，石の上に繁茂した付着藻を餌とするが，質のよい付着藻を独占するために特定の範囲の河床に対し“なわばり”を形成する独特な習性をもつ．この習性を利用した伝統的な漁法が「友釣り」であり，釣り人たちが長い釣竿を静かに構えて釣る姿は日本の夏の風物詩になっている（図4.8）．友釣りでは，餌ではなく生きたアユを“おとり”として用い，おとりをなわばりの中に侵入させる．すると，なわばりアユはおとりを追い払うために体当たりすることとなり，この際，おとりにつけられた針に掛かることによって釣り上げられる．通常の釣りよりも技術が必要とされるが，掛かった際の引きが強いこの漁法は多くの釣り人を魅了し，筆者の周囲にも「毎日アユ釣りに出かけて，いくら多く釣っても飽きが来ない」という人が何人かいる．

　愛知県の中部を流れ三河湾に注ぐ一級河川の矢作川では，豊田市矢作川研究

**図 4.8** アユの友釣り

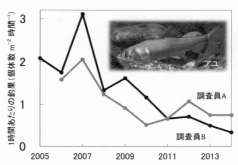

**図 4.9** 豊田大橋付近における釣果の経年変化（山本, 2021 を改変）

所と矢作川天然アユ調査会との協働により，天然アユの生態調査が 20 年以上にわたり実施されている．矢作川天然アユ調査会による友釣り調査から，矢作川中流（40 km 地点，豊田大橋付近）における同じ 2 名の調査員による 2005 年から 2014 年にわたる釣果を整理すると，この 9 年間で釣果が半減したことが読み取れる（図 4.9）．同じ期間に三河湾から矢作川へ遡上したアユの個体数は，44 万尾から 1,003 万尾の範囲で大きく変動しつつも減少する傾向はみられていないことから，釣果の減少は遡上個体数が原因でないことがうかがわれる（山本, 2021）．矢作川の上流域では，矢作ダム（1971 年建設）など複数のダムや砂防施設の整備が進められ，中流域にかけて広く砂利採取が行われてきたことから，矢作川中流では洪水時の流量が低減するとともに土砂供給量が減少したことにより，河床が低下し粗粒化が顕著になっている（4.1 節参照）．この変化に伴って，河床攪乱の頻度・強度が減少し，剝離／更新されにくくなった付着藻の組成が変化したため，アユの好む餌や生息環境が失われたことが釣果減少の一因と考えられている（田代・辻本, 2003）．

　矢作川中流域では，以上の成果を踏まえて石礫の投入によりアユの生息環境を改善する実験が 2 カ所（(a) 54 km 地点の"ソジバ"，(b) 40 km 地点の豊田大橋）で企画された．実験地 (a) のソジバ（豊田市藤沢町平）では，2017 年 4 月下旬に付着物のない石礫を河床に敷き均したところ，同年 7 月下旬以降にアユが増加し，隣接した場所に設定した（石礫を設置していない）対照区と比

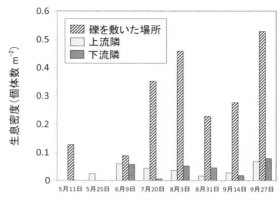

**図 4.10** 実験地（a）ソジバにおけるアユ生息密度（2017 年）（山本ほか，2018 を改変）
ただし，ここでの生息密度は 1 名の調査員の潜水目視による．

**図 4.11** 実験地（b）豊田大橋における河床環境実験
A：河岸から掘り出した石礫（中央の石礫は長径約 60 cm），B：実験地全景（2020 年 9 月 29 日）．

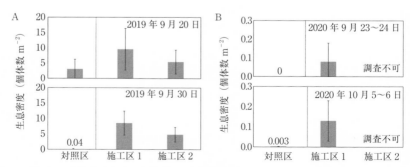

**図 4.12** 実験地（b）豊田大橋における地点別アユの生息密度（山本，2021 を改変）
A：2019 年，B：2020 年．ただし，2020 年の施行区 2 は調査未実施．

べて生息密度は 5 倍以上多い状態が 9 月下旬までみられた（図 4.10）（山本ほか，2018）．ただし，2018 年から 2020 年にかけてアユは集まらず，効果が 1 年以上は続かないことが示唆された．一方，実験地（b）の豊田大橋では（a）の結果を参考に，河岸や中州に埋もれていた石礫を掘り出して 2019 年 3 月に瀬に配置した（図 4.11）．その結果，なわばりアユも確認できるなど，同年 9 月の施工区における生息密度は明らかに大きくなり，礫の投入 1 年半後にも生息密度が高い傾向が持続した（図 4.12）（山本，2021）．施工 2 年後の生息密度の水準自体は 1 年後と比較して大幅に低かったが，引き続き，なわばりアユも確認でき，9 月以降も連日釣り人が見られた（図 4.11B）（山本，2021）．ここで示した 2 カ所での実験を通じ，石礫の新規投入によってアユの生息環境を改善する効果が確認された．豊田市中心部を流れる矢作川で 2 年にわたり好調な釣果が続いたことにより，アユ釣りのできる矢作川の復活が釣り人の間で認知され始めた．アユがよく釣れ，元気に育つ矢作川が，よみがえっていくことが期待される．

**［山本敏哉］**

## 4.3　中流域の利水と水質変化

### 4.3.1　中流域の利水状況

我が国では，高度経済成長に伴い，産業の著しい発展，都市人口の急増と集中および生活水準の向上を背景に水需要が急増した．安定した水供給の確保を図るため，ダムや導水施設の建設といった水資源開発が進められ，今日まで至

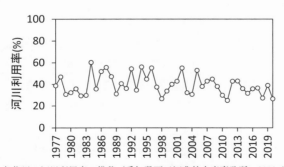

**図 4.13**　矢作川の河川利用率の推移（愛知県西三河豊林水産事務所，2020 より作成）

っている．図 4.13 は，愛知県の西三河地方を流れる矢作川における河川利用率
の経年変化である．河川利用率は矢作川の年間の利水量を明治用水頭首工での
河川流量，岩倉取水量，枝下取水量の合計量で割った割合で表される（今井,
1997）．河川利用率は，24.9％から 60.2％の範囲で変動し，1977〜2020 年の 44
年間の平均は 39.4％であった．白金ほか（2013）は，河川利用率の変動につい
て，矢作川が流れる豊田市の降水量が多い年ほど年利用率が低くなることを指
摘しており，降水という自然現象が人間活動による河川利用率を左右している
ことがわかる．また，今井（1997）は，東海地方の主要河川の河川利用率とし
て，木曽川で 28.3％，豊川で 28.1％と報告しており，これらの河川と比較して，
矢作川の河川利用率は非常に高いといえる．

### 4.3.2　中流域の水質

　河川中流域は，都市や農地に近接しており，それらの地域からの排水が流れ
込む公共用水域であり，人間活動が色濃く反映される．
　産業施設や下水道施設などの汚染源が明らかな場所（点源）からの排出は，
排水基準，窒素・リンの総量規制などにより規制されているが（9.2 節参照），
農地や市街地など汚染源が面的に広がる場所（面源）からの排水は，その実体
が掴みにくく，面源汚染（もしくはノンポイント汚染）と呼ばれる（山田,
2004）．面源汚染を防ぐための排水規制は難しく，降雨時などには，窒素やリン
などの物質負荷量が多くなることも特徴である（海老瀬・川村，2017）．
　河川水質について，単純に点源／面源汚染と判定することは難しく，流域内
に存在する産業施設，下水道施設など（点源）の配置・整備，各種の土地利用
など（面源）の分布による複合的影響により形成される（北村・南山，2012 な
ど）．そのうえ，各産業の就業状況，降雨や晴天などの天候条件，農繁期や農閑
期などの季節によって時空間的に変動する（松本ほか, 2019）．すべてを網羅し
て環境影響を評価することは非常に困難であるが，様々な調査方法や解析手法
を駆使することによって，水質決定の主要因を捉えることが問題解決の糸口と
なる．
　東海地方の河川中流域の水質状況として，図 4.14 に，庄内川，木曽川におけ
る BOD，全窒素，全リンの縦断変化を示している．すべての水質項目におい

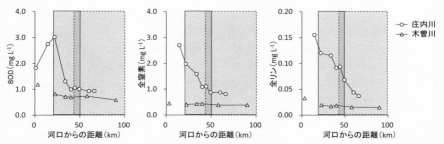

**図 4.14** 庄内川，木曽川における BOD，全窒素，全リンの縦断変化（国土交通省「水文水質データベース」，岐阜県「岐阜県公共用水域の水質調査結果個表」より作成）

2011～2020 年の 10 年間の平均値．実線囲い部分は庄内川中流域（21.9～49.3 km），破線囲い部分は木曽川中流域（40.0～119.4 km）を示す．

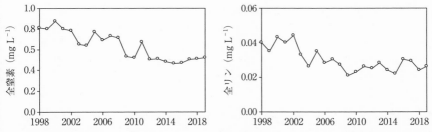

**図 4.15** 矢作川中流地点（明治用水頭首工）における全窒素，全リンの経年変化（愛知県「あいちの環境」より作成）

て，庄内川が木曽川と比べ濃度が高く，流下に伴って全窒素，全リン濃度が高くなる傾向がみられた．この理由の 1 つとして，庄内川では，40 km 地点より下流に点在する下水処理センターからの処理排水が河川へ流れ込むことで，水質の汚濁が進んでいると考えられる（9.2 節参照）．一方で，木曽川は，どの水質項目においても縦断変化による水質悪化はみられなかった．また，図 4.15 に矢作川中流域における全窒素，全リンの経年変化を示す．1998 年以降，どちらの水質項目も濃度が低下していることから，流域下水道の整備が進み，処理水の放流先が矢作川から三河湾へ移動したことや（青山，2020），上流域の耕作面積の減少，それに伴う施肥量の減少，また，土地利用の変化といった要因が複合的に絡み合い，水質改善が進んだものと考えられる．

**［江端一徳・松本嘉孝］**

### ●コラム 8　コウノトリの食性と水域の自然再生

　我が国のコウノトリ個体群は 1971 年に一度絶滅している．しかし，現在では全国において飛来，さらには営巣が確認されるようになってきた．本コラムでは，コウノトリの食性，兵庫県北部豊岡盆地における自然再生事業，そしてこれからの将来展望について紹介したい．

　コウノトリは肉食性の鳥類であり，飼育個体には 1 日 1 個体あたり 500 g の魚類を給餌物として与えている．これまでの調査では，野外での餌メニューには 39 分類群が確認されており，アユ，ナマズなどの魚類，トンボ，バッタなどの昆虫類，カエル類からヘビ，カメに至るまで多岐にわたる（田和ほか，2019）．元素分析を用いた最新の研究からは，絶滅前の個体群は海域の魚類，淡水域の魚類，カエル類，昆虫類をバランスよく食していたとされ，現在のコウノトリが昆虫食に偏食している推定結果（Tawa and Sagawa, 2020）には留意が必要である．

　野生復帰の最初の拠点である豊岡盆地では，流域全体に及ぶ様々な自然再生事業が行われてきた．1 つ目は「河道内氾濫原（湿地）の創出」であり，盆地を流下する一級河川円山川において，湿地島，中水敷，氾濫原湿地の造成が行われてきた．2 つ目は「河道外氾濫原（湿地）の創出」であり，放棄田や休耕田を用いたビオトープ造成，コウノトリ育む農法の開発による水田の生物多様性向上がそれにあたる．そして 3 つ目は「水域連続性の確保」であり，前述の自然再生地を魚道でつなげ，水生動物の移動を海域からの連続性に着目して行ってきた．現在，これらの自然再生手法については，コウノトリの野生復帰を推進する全国の自治体にも広く取り込まれている．

　我が国におけるコウノトリの総数は飼育個体を含めると約 400 個体に上るが，そのもととなった創始個体は 27 個体にすぎない．現在は人口統計学ソフトを用いて家系（繁殖）管理を行っているが，今後は，近交弱勢や発現遺伝子などにも着目した研究を推進し，遺伝的多様性が向上するような施策を講ずる必要がある．コウノトリ野生復帰の究極目標は，100 年後，1000 年後の遠い未来において，健全なコウノトリ個体群が維持されている（すなわち，水域の生物多様性も基盤として保全されている）ということであり，今後とも「コウノトリファースト」を掲げて，野生復帰を推進していく必要がある．　　　　　　　　　　　　　　　　　　　　　　　　　　[佐川志朗]

### ●コラム 9　明治用水と枝下用水

　長野県・岐阜県・愛知県を流れ三河湾に注ぐ全長 118 km の矢作川，その中流域に明治時代に開削された明治用水（1880 年竣工）と枝下用水（1890 年竣工）がある．いずれも愛知県西三河地域を灌漑する農業用水で，受益面積はそれぞれ約 5,400 ha（安

城市，豊田市，知立市，刈谷市，高浜市，碧南市，西尾市，岡崎市），約 1,500 ha（豊田市，知立市，みよし市）に達するなど，当該地域の農業を飛躍的に発展させてきた．灌漑地域の多くは台地地形のため，特に明治用水の受益地域では，春〜秋季の水稲栽培の後，取水が停止される秋・冬季には畑作が行われるなど，耕地の高度利用が進められた．大正〜昭和時代，こうした多角的農業により成功を収めた安城市周辺（当時は碧海郡）は，当時の世界的農業国の名を冠し「日本デンマーク」と称されている．

　矢作川から水を引いて新田の開発を行う構想と計画は江戸時代からあった．しかし，その対象となった洪積台地は矢作川の河床より土地が高かったため，用水開削は技術的にも金銭的にも困難で，溜池に頼らざるをえない状況が長く続いた．明治時代になり，上流部にあたる枝下用水地域を除いた明治用水の計画は，愛知県との共同により民間からの出資を集めて竣工できた一方，その後の枝下用水の計画については，愛知県が撤退した後，実業家が私財をなげうって事業を引継ぎ完成させた．枝下用水は，その開通時期が 1896 年の河川法制定以前であったことから「慣行水利権」をもち，企業的経営が行われてきた全国的にも珍しい用水である．

　矢作川からの取水は現在，明治用水が明治用水頭首工（1957 年竣工，河口から 34.6 km 付近，豊田市水源町），枝下用水が越戸ダム（1929 年竣工，同 45.8 km，同市平戸橋町）から行われている．取水堰は更新されているものの，取水位置は竣工当初から大きく変わらない明治用水に対し，かつての枝下用水取水口は現在よりも約 3 km 上流（同市枝下町）にあり，河道内には中州（以下，中島）と「牛枠」（自然な流れを遮る水制）を利用した導流堤が設置されていた．越戸ダムが完成した際，貯水量を確保するために移設され，旧取水口から越戸ダムまでの用水路は，そのまま貯水池に沈んだのである（図 4.16）．

　明治用水と枝下用水は，同じ河川（水源）の上下流からそれぞれの取水量を確保しようとするため，これまで激しい水争いを続けてきた．枝下用水の導流堤を構成した「牛枠」をめぐり，両用水の争いは行政訴訟にまで発展した．1901 年 7 月，枝下用水は行政訴訟に敗れ，一部の牛枠の強制取り払いが実施された．そのときの様子が『新愛知』（中日新聞の前身）に「牛枠取払はる」と記され，約 18 間 3 尺（約 33.3 m）の区間で取り払われた様子が報じられている（図 4.17）．このように激しい水争いのあった明治用水と枝下用水だが，越戸ダムの運用に伴って電力会社との協定が必要となり，農業用水の組織として合併することになった．越戸ダムができたことにより取水口が変わり，水争いも終わったのである．

　かつて水争いの舞台となった中島では，愛知県による「一級河川矢作川水系矢作川上流圏域河川整備計画」により，2021 年に入って竹林が伐採され，洪水を安全に流下させるための掘削工事が始まった．工事の完了に伴って枝下用水と明治用水の水争いの歴史を伝える中島は姿を消すが，この過程で中島の上流では大量の「玉川石」が発見された．かつて枝下用水の導流堤を形成したこの玉川石が，枝下用水と明治用水の

水争いの歴史を後世に伝えていくのかも知れない. [達 志保]

**図 4.16** 猿投グリーンロード枝下大橋の直下に見
られる枝下用水の遺構
中島（左・上流側）と旧取水口（右・下流側）の
間の導水堤の遺構に白波が立って見える.

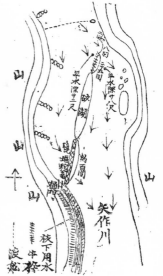

**図 4.17** かつての枝下用水水源地の略
図（『新愛知』1901 年 7 月 24
日，2 面）

## 章末問題（1〜4章）

**問 1** 温室効果ガスの増加に伴う気温上昇により，様々な気象現象の誘発が懸
念されている．その気象現象を 1 つ選び，引き起こされる原因と水系生態系に
及ぼす影響について記述しなさい.

**問 2** 雨が降ると川の流水量は増加するが，上流域，中流域それぞれでどのよ
うなメカニズムで流水量が増加するかを記述しなさい.

**問 3** 河川上流から中流へもたらされる土砂や物質を 1 つ選択し，中流域の生
態系内でどのような役割を担っているかを記述しなさい．また，その運搬が阻
害されるケースについても考察し，記述しなさい.

**問 4**　流域では自然現象や人為的な活動により様々な変化が引き起こされる.

(1)　① 1 日 20 mm の雨，② 1 日 100 mm の雨が 3 日間継続，③ 噴火による火山噴出物の流入，④ 気候変動（特に気温上昇），⑤ 工場からの未処理汚染物質流入について，それぞれの発生頻度が地形・水質・水系生態系にどの程度影響を及ぼすか，また，それらの影響が発生からどの程度継続するかを，下のグラフ内に相対的に位置づけなさい.

(2)　上記①～⑤のイベントを 1 つ選択し，それぞれについて，地形・水質・水系生態系への影響の継続時間を表す下のグラフをもとに総合的に論述しなさい.

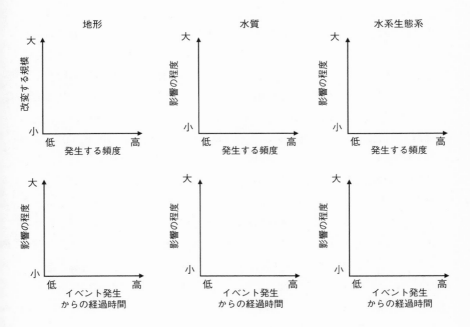

# 5 湖　　　　　沼

## 5.1　湖沼の成り立ち

　湖沼は，一般的には，自然の営力によって地表に形成された窪地を占める水体であり，「閉じられた系」として捉えられ，同じく地表水に位置づけられる流水としての性格の強い河川に対比される．*"The Lake as a Microcosm"*（Forbes, 1887）．この一句は，1887 年に，動物生態学者フォーブス（Stephen Alfred Forbes, 1884-1930）が，モレーン（氷河が運搬した堆積物）の堰き止めによって形成されたイリノイ州の湖をとりあげ，対照的に湖水の滞留時間の短い河跡湖と比較し，理化学的特性や生物相の差異を指摘した講演に由来している（森・佐藤，2015）．日本においても，陸水学者西條八束（1924-2007）などによって，『小宇宙としての湖』（西條，1992）など，水面下に広がる世界において環境と多様な生物との相互作用の解明として湖沼研究が進められてきた．

　湖沼を大別すると，淡水性の淡水湖，海水混入の汽水湖および乾燥地域に存在する塩湖に分けられる．世界に湖沼は数多く存在し，その分布にはかなりの偏在が認められる．大湖に関しては，北米大陸の北部，アフリカ大陸の東部，シベリアに多く存在する．世界的に大規模な湖沼は，地殻変動（断層や造山運動など）によって生まれる構造湖が多く，淡水湖として世界最大容積を誇るバイカル湖は構造湖である．その容積は 2 万 3,000 km³ で世界の全淡水湖水の約 1/5 を占める．第 2 位の容積のタンガニーカ湖（1 万 7,800 km³）や日本最大容積を誇る琵琶湖（27.5 km³）も構造湖である．世界最大の塩湖であるカスピ海（7 万 8,200 km³）は，全塩湖の総量の約 80％にもなり，造陸運動の結果生じた地盤運動による構造湖である．

　湖の数の上で多いのは，氷河作用によってできた窪地であり，ヨーロッパやカナダの湖沼のほとんどがこれである．アメリカ合衆国およびカナダの国境付

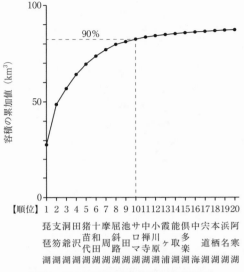

**図 5.1** 日本の湖の容積順位による累加曲線
森・佐藤（2015）をもとに上位 20 位までを抜粋.

近に連なる 5 つの湖（いわゆる五大湖）は，上流から順にスペリオル湖（淡水湖での容積 3 位；1 万 2,221 km³），ミシガン湖（5 位；4,871 km³），ヒューロン湖（6 位；3,535 km³），エリー湖（14 位；458 km³），オンタリオ湖（10 位；1,638 km³）も氷河作用による成因でできた湖で，五大湖の容積を足し合わせるとバイカル湖にも及ぶ．また，面積あるいは深度の大きな湖のみが湖沼ではなく，小であっても湖沼である．例えば，フィンランドでは，母国語で湖沼の意である 'Suomi' が本国の呼称となっているぐらい湖の数は多く，18 万以上ともいわれている．

　日本においても湖沼の数はあまり明確ではなく，総数 600 あるいは 1,000 以上ともいわれる（市川, 1990）．地理的分布には偏在性が大きく，静岡・長野・新潟以東では日本の湖沼の総数の約 80％にあたり，東日本に多く分布している．図 5.1 に，日本の湖の容積を大きさの順に並べて累加曲線を示す．世界の主な大湖（淡水湖の上位 4 つ；バイカル湖，タンガニーカ湖，スペリオル湖，ニアサ湖（マラウィ湖））で世界の全淡水湖水量のおよそ半分を占めるように，日本においても上位 10 湖沼で容積が判明する主要な湖沼水量の約 90％となると算出

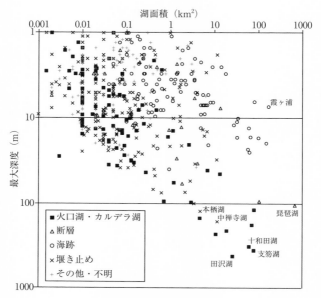

**図 5.2**  日本の湖沼における湖面積と最大深度の関係（田中，2004 より作成）

され，世界に偏在する湖沼と同様に日本国内においても限られた湖となる．

　図 5.2 には，日本の湖沼を対象に，湖面積に対して最大深度の関係について
成因別に示す．日本の湖沼で最大深度が明らかになっている湖沼のうち，10 m
未満の湖沼は約 70％であり，最大水深が 100 m 以上を超す湖は 11 湖である．水
深 100 m を超える大深度の湖沼は，中禅寺湖（栃木県）や本栖湖（山梨県）の
ように噴出した溶岩や泥流などが谷を堰き止めて形成された湖や，支笏湖（北
海道）・十和田湖（青森県・秋田県）のようなカルデラ湖があり，ほとんどが火
山活動に由来しているといえる．また，世界の活火山の約 7％が日本に存在し，
その分布と重なるところに位置する火山活動の結果生じた湖沼が日本では数多
くみられ，新規の火山活動に起因して湖水が強い酸性を示すことは世界的にみ
た日本の湖の特色となっている．例えば，草津白根山の湯釜（群馬県）などの
ように pH 1 以下に達する湖もある．

　日本の湖沼の特色には汽水湖の存在もあげられる．汽水湖の形成は，主に海
岸流や沿岸流などの影響で，沿岸州や砂丘，砂州などが海の一部を切り離し湖

沼化したもので，いわゆる潟湖（ラグーン）である．汽水性の湖の多くは，湖盆形態が一般に浅く，中海・宍道湖（島根県）やサロマ湖（北海道）などの湖面積が大きい湖は，海底が緩傾斜である日本海やオホーツク海の沿岸に分布する．汽水湖は，密度を異にする海水と河川水の2つの水塊により維持されるため，湖水の循環は淡水が占める表層のみに限られる．したがって，水深が比較的大きい場合には，深層が長期間にわたって停滞し無酸素となり，硫酸還元に伴う硫化水素が高濃度に溶存することになる．三方五湖の1つである水月湖（福井県）はその典型的な例である．　　　　　　　　　　　　　　　　[大八木英夫]

## 5.2 湖沼内の環境

### 5.2.1 有光層と無光層

　湖に入る太陽光は，水や植物プランクトン，懸濁物などにより吸収され水深が増すとともに弱まる．水面の光強度に対して約1%に弱まる深さまでを有光層といい光合成が可能な水域を表す．それ以深を無光層という．また，有光層と無光層の境界面（光合成＝呼吸）を日補償深度と呼ぶ（図5.3）．水の透明さを表す透明度は，直径30cm程の白色円板を鉛直方向に沈め見えなくなるまでの水深（m）をいい，一般に透明度の約2.5倍が有光層水深となることが多い．実際に琵琶湖北湖の有光層水深は透明度の2.0〜3.7倍であり，天候や湖沼内の生物代謝の状況によって，その比率は変わる．

### 5.2.2 水温成層

　水の密度は1気圧下では約4℃のときに最も大きく，夏季では太陽光に温められた湖の水は軽いため上層に位置し，冷たい水は重いため下層にとどまる．水温（密度）差が大きいことで鉛直方向に湖水が混ざりにくくなり，安定した層が形成される．この現象を水温成層と呼び，この間の急激な水温変化の層を水温躍層，上層を表水層，下層を深水層という．冬季が近づき気温が下がり水面が冷やされると，徐々に表水層と深水層の水温差が小さくなり，水温躍層が消滅すると鉛直方向の湖水の移動が可能となる（循環）．さらに気温が下がり，水面の水温が4℃より下がると4℃より冷たい水が上層，4℃の水が下層となる，

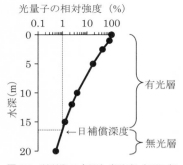

**図5.3**　琵琶湖の水深と光強度（1997年6月3日）（データ提供：野崎健太郎，未発表）

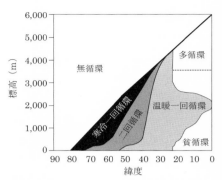

**図5.4**　気候（緯度や海抜）による湖水循環の区分け（Hutchinson and Loffler, 1956を改変）

夏季とは逆の水温成層が形成される．この湖は夏と冬に成層，春と秋に循環する二回循環湖である．湖の循環頻度は，湖水面の水温の因子である気候（緯度や標高）によって決定される（図5.4）．日本は南北に長い国土であり，北緯40度付近を境に南側に一回循環湖，北側に二回循環湖が分布しやすい．

### 5.2.3　物　質　循　環

　水温成層によって鉛直方向の湖水対流が抑制されるため，表水層と深水層間での物質の移動も抑制され層ごとに特性のある水塊が形成される．表水層では，酸素は大気供給と光合成により豊富に存在するが，窒素やリンの栄養塩は植物プランクトンに使用され少ない（図5.5B, C, D）．一方，深水層では，太陽光が表水層の植物プランクトンなどに吸収されることで無光層の水塊が多くを占めることになり，水生生物の呼吸や分解による酸素消費が増え，酸素濃度は低くなりやすい．また，増殖した植物プランクトン（有機物）が重力沈殿により深水層や湖底に溜まる．この有機物分解でさらに酸素消費量が増え嫌気的環境下になると，物質の還元作用が起こり，底泥からリンや窒素が溶出，懸濁態の鉄やマンガンの溶存化（イオン化），硫化水素の生成などがみられ，栄養塩などの溶存物質が豊富な水塊となる（図5.5B, D）．深水層と表水層との境では植物プランクトン増殖に適する環境が形成されやすい（図5.5C）．循環期になると，水とともに溶存物質も循環し湖内の濃度が一様になり，植物プランクトンの増殖が湖内全体で活発になる（図5.5）．

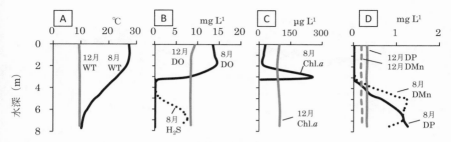

**図 5.5** 深見池（長野県）の水質（2011 年 8 月と 12 月）
A：水温（WT），B：溶存酸素濃度（DO）と硫化水素濃度（H₂S），C：クロロフィル a 濃度（Chl.a），
D：溶存態リン濃度（DP）と溶存態マンガン濃度（DMn）.

一般に成層期は循環期より内部生産性が劣る．なぜなら，表水層では十分な光はあるが栄養塩が枯渇しやすく植物プランクトンの生産は制限されやすいからである．特異な例として深見池（口絵⑥参照）では，成層期でも内部生産性が高い．深水層の嫌気環境下で発生する硫化水素（図 5.5D）や窒素，リンを利用して水温躍層付近で光合成硫黄細菌（独立栄養細菌）が大量に繁殖するからである．つまり，成層期に光合成硫黄細菌，循環期に植物プランクトンが内部生産を担っている（Yagi *et al.*, 1983）.

### 5.2.4 湖沼の COD 環境基準達成率低迷と難分解性有機物の存在

湖沼の COD 環境基準達成率は 50 ％程で横ばい傾向が続いている（図 5.6A）.水中の有機物指標は，河川では自浄作用を考慮して微生物の分解による BOD，湖沼や海域では滞留時間が長いこと（5 日以上）や植物プランクトンの影響などを考慮して強力な酸化剤による COD を採用している（社団法人海外環境協力センター，1998）（2.3 節参照）.琵琶湖では COD 濃度は若干上昇または横ばいで低迷しているが，BOD 濃度は減少し水質良好とみえる乖離現象がみられる（図 5.6B）.同様な現象は八郎湖，霞ヶ浦，印旛沼などでもみられ，原因として，難分解性（微生物では分解されにくい）有機物の増加であると推察されている（佐藤ほか，2016）.琵琶湖において難分解性有機物は，外来性で減少傾向にあり，内部生産（植物プランクトン）の種組成変化に伴う生産構造の質的・量的変化による分解性の違いなどが近年の難分解性有機物の増加に関与しているとの報告もある（岡本ほか，2011）.難分解性有機物はトリハロメタンの前駆物質

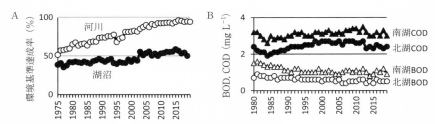

**図5.6** 河川と湖沼の環境基準達成率の推移（A）（環境省，令和元年度公共用水域水質測定結果），琵琶湖のBOD・CODの推移（B）（滋賀県，滋賀の環境2020（令和2年版環境白書）資料編）を示す．

であり（9.2節参照），湖沼生態系への影響が懸念されるため，削減の取組みは重要である．

### 5.2.5 気候変動（温暖化）と湖水循環の弱まり

琵琶湖は夏に成層，秋から春は循環する一回循環湖である．成層期での深水層内の豊富な栄養塩や低DOは循環期によって一様に混合され，表水層に栄養塩が，深水層に酸素が送り込まれることで琵琶湖内の生態系が維持されている．しかし，近年の気候変動での気温上昇により湖の水温も徐々に上昇しており（1.2節参照），最近では2019年冬において表層の水温が最深部まで下がらないことで全層循環が起こらず最深部付近に非循環水塊が観測された（Yamada *et al.*, 2021）．湖水の循環パターンの乱れは，物質循環に作用し，深水層内の低DO環境の長期化による底生生物の減少など生態系へ多大な影響を与える．そのため，気候変動による湖への影響を重要な問題として扱う必要がある．

［宇佐見亜希子］

## 5.3 湖沼沿岸帯

沿岸帯は，陸域と水域との間に位置する推移帯で，エコトーンと呼ばれる．図5.7は，琵琶湖沿岸の景観である．A：砂浜帯，B：礫帯，C：岩礁帯，D：水草帯は，それぞれ異なる形状をもつ．多くの生物が，沿岸帯を利用し生活史を全うしている．例えば，鮒寿しの材料となるニゴロブナは，仔稚魚期を水草帯で生活する．人為的な水位の低下は，その面積の縮小につながり，繁殖を制限

**図 5.7**　A：砂浜（北小松），B：礫（大浦），C：岩礁（水が浜），D：水草（塩津）

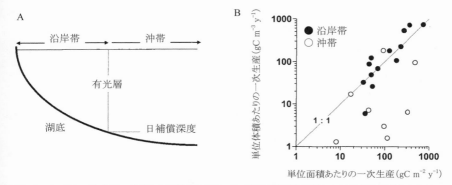

**図 5.8**　A：光と一次生産を考慮した沿岸帯の範囲，B：湖沼沿岸帯と沖帯における単位面積あたりの一次生産と単位体積あたりの一次生産との関係（野崎，2002）

することになる（Yamamoto *et al.*, 2006）．

　次に，一次生産から沿岸帯を定義する．沖帯では，光合成生物は植物プランクトンであるが，沿岸帯では，底生藻，水草，車軸藻がこれに加わる．すなわ

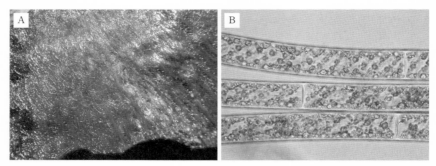

**図5.9** 琵琶湖北湖沿岸帯で繁茂するアオミドロ(大浦,2013年7月1日)
A:石面に繁茂したアオミドロ,B:アオミドロの顕微鏡写真(400倍).

ち,一次生産が浮遊と底生の2つの生活型によって担われ,沿岸帯は「日補償深度と湖底が接する地点まで」と定義でき,湖底まで有光層となる(図5.8A).図5.8Bは,湖沼沿岸帯における単位面積と単位体積あたりの一次生産の関係である.沿岸帯の値は,1:1の線の周辺に集まっているが,沖帯は,体積あたりの値が,面積に比べて低くなる.沖帯の有光層は,貧〜中栄養湖では10〜20mに達する.したがって有光層中の積算値である単位面積あたりの値は大きくなるが,単位体積あたりの値は小さくなる.沿岸帯は沖帯に比べて一次生産が狭い空間に密集,つまり高密度であると定義できる.一次生産からみた沿岸帯の特性として重要なことは,その量ではなく,密度であろう.なぜならば,動物は,一次生産に依存しており有機物の獲得のしやすさは,その生活にとって重要な律速要因となる.

　琵琶湖北湖では,礫帯や岩礁帯で糸状藻のアオミドロ(図5.9)の繁茂が観察されている(Nozaki and Mitsuhashi, 2000).野崎ほか(1998)は,1995年8月23日に,アオミドロ群落内では,18時に $5.0\,\mathrm{mgO_2\,L^{-1}}$ であった溶存酸素が,20時には $2.3\,\mathrm{mgO_2\,L^{-1}}$ に低下する現象を観察し,貧酸素化が生じている可能性を報告した.糸状藻の繁茂は,世界中の清澄な湖から報告され,原因として,人間活動からの栄養塩負荷の増大,気候変動による湖水の循環過程の攪乱,生物間相互作用の変化の3点が提案されている(Vadeboncoeur *et al.*, 2021).

[野崎健太郎]

## 5.4 酸性雨と湖沼—解決された地球環境問題

　酸性雨は 1960 年代からヨーロッパ各地で研究され始めた（Grennfelt *et al.*, 2020）．酸性雨は酸性物質の発生源と被害を受ける地域が国境をまたぎ，従来の環境問題とは大きく異なっていた（Menz and Seip, 2004）．地質基盤が花崗岩で土壌が薄い北欧地域では，酸性雨による湖沼の酸性化が顕著に表れ，重要な水産資源であるサケ科魚類の減少が報告された（Schindler, 1988）．Schindler *et al.*（1985）は，カナダ実験湖沼群で湖水の酸性化実験を行い，pH の低下とともに植物プランクトンの種組成の変化，沿岸帯での糸状緑藻の繁茂が生じたことを明らかにした．加えて，比較的酸性度の弱い pH 5.8 の段階でサケ科魚類の餌資源となるエビ，コイ科魚類が消失し，それがサケ科魚類の再生産を阻んでいることを報告した．日本でも 1970 年頃から降雨や湖沼の観測体制の整備が行われ，ヨーロッパやアメリカと同程度の酸性雨が確認され，一部の渓流水や湖沼に酸性化の傾向がみられたが（環境省, 2019），酸緩衝能の高い土壌の占める割合が高いことから顕著な酸性化は起こっていない（坂本, 1991）．ヨーロッパでは，国際連合欧州経済委員会の長距離越境大気汚染条約のもと，粘り強い汚染物質の排出削減対策が進み大気汚染物質のほとんどが削減された．特に酸性雨との関連が強い，二酸化硫黄については 2020 年の排出量は 1990 年比で約 80 ％削減された（Reis *et al.*, 2012）．これらのことから，ヨーロッパの研究者に酸性雨は解決したと認識されており，科学に基づく政策の決定がなされ，実行された好例であるとされる．東アジア地域でも，酸性雨の観測や原因解明に向けた地域協力体制として東アジア酸性雨モニタリングネットワーク（EANET）が組織され，継続的な観測は続いている．このように，発生源に対する取り組みは効果がみられてきたが，破壊された陸水生態系の回復には数十年かかることが予想されており（Clair and Hindar, 2005），湖沼・河川への石灰散布が施されている（Westling and Zetterberg, 2007）．　　　　［松本嘉孝・野崎健太郎］

# 6 陸水環境としての水田

## 6.1　水田の水利用

### 6.1.1　水田の灌漑排水方式

　作物の栽培に必要な水を，耕地に人為的に供給することを「灌漑」，作物生育および農作業用機械の運行に対して過剰な地表水および土壌水を排除することを「排水」という（公益社団法人農業農村工学会，2019）．一般的な水田は，水口から農業用水を取水して灌漑し，水尻から排水を行う（口絵⑦参照）．この水田における灌漑と排水の方式を整理したものが図 6.1 である．

　田越灌漑では水路を伴わず，標高の高い水田から低い水田へと水を受け渡していく（図 6.1A）．今でも棚田などで目にする方式であるが，かつては低平地においても広く存在していた．用排兼用では，水路が用水路と排水路を兼ねており，下流の水田の取水のために水路はそれほど深くない場合が多い（図 6.1B）．図 6.1 に示したかたちだけでなく，用排兼用水路に面した片側の水田群から排水を受け，水路を挟んで反対側の水田群がその水を用水として取水するかたちがよくみられる．これらは伝統的な灌漑排水方式で，排水性能が高くないため大きな降雨があると容易に水田が冠水する．また，上流の水田が取水に有利，

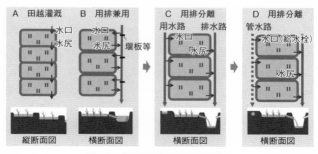

**図 6.1**　水田の灌漑排水方式の変化

**図 6.2** 開水路の水口の例

**図 6.3** 管水路の給水栓の例

下流に水を渡すために水を止められないなど，水利用の自由度が低い．

こうした灌漑排水方式に対し，用水路と排水路を機能によって分けたのが用排分離である（図 6.1C, D）．用排分離では水利用の自由度が高まるほか，排水路を深く掘り下げて圃場の排水性を高めることができるため，転作において麦や大豆のような畑作物を栽培することを可能にする．また，圃場の中にも暗渠と呼ばれる排水のための管を埋設し，排水性能をさらに強化している場合も多い．この暗渠管の出口に排水位を設定し，地下水位を一定に保つ仕組みを備えた地下灌漑システムも普及してきている．

### 6.1.2 水田の水管理と多面的機能

用水路が開水路の場合（図 6.1C）には，図 6.2 に示す水口によって農業用水が取水され，取水量は水口の開度によって調整される．用水路が管水路の場合（図 6.1D）には，図 6.3 に示す給水栓から農業用水が取水され，取水量はバルブの開度によって調整される．水田の湛水深をセンサーが感知し，自動で給水を開始／停止する自動給水栓も普及している．

いずれの灌漑排水方式においても，排水は図 6.4 に示す水尻から排水される．水田の湛水深は水尻に設置される堰板などの高さによって調整され，取水や降雨により湛水深が堰板等の高さを超えると表面排水が生じる．水源に制約がある場合，下流の水質保全を重視する場合などには，できるだけ表面排水が生じない水管理が求められる．一方，表面排水しながら取水を続ける「掛け流し」という水管理が行われる場合もある．近年では，地球温暖化に伴う水稲の登熟期の気温の高さがコメの品質を低下させており，高温登熟障害防止のために行われる場合がある．掛け流し灌漑は，こまめな水口・水尻の操作を行う必要がないため省力的な水管理であるという側面もある．農業用水の水管理は，一部

図 6.4　水尻の例　　　　　図 6.5　排水路堰上げ式水田魚道

　自動化されてきている部分があるものの，作物の生育状況，病害虫の発生状況，畦畔からの漏水の有無など，農家の目視による確認が不可欠な要素が存在するため，稲作にかかる労働時間の中で大きなウェイトを占めている．

　水田や農業用排水路，ため池などを含む水田水域には，河川の氾濫原的な環境に依存した生態をもつ多様な生物が生息していることが知られている（6.3 節参照）．そのため，こうした生物の生息に配慮した水利用の必要性も指摘されている．滋賀県に位置する琵琶湖の湖辺域では，近代的圃場整備が完了した排水路に魚道を設置し（図 6.5），魚類が再び水田を産卵の場として利用できるようにする「魚のゆりかご水田プロジェクト」という取り組みが行われている．しかし実際は魚道を設置するだけでなく，水田の水尻から表面排水が流出しなければ，魚類は水田へと遡上することができない．梅雨の降雨が少ない年には表面排水が生じる機会が少なく，水田を利用できないおそれがある．滋賀県は，降雨時に確実に表面排水を生じさせるための水尻の堰板の管理を指導しているが，こうしたきめ細やかな水管理は農家にとって負担にもなりうるので，農家に対する支援が望まれている．また，魚のゆりかご水田に取り組む水田では，魚道に通水するために農業用水を余分に取水・排水する場合があることも報告されており，魚道の機能を発揮させるための用水量を考慮する必要性が指摘されている（中村ほか，2012）．　　　　　　　　　　　　　　　　　　　　［皆川明子］

## 6.2　水田の物質循環

### 6.2.1　水田土壌の構造性・非定常性

　我が国の水田はほぼ 100％灌漑水田であり，イネ栽培期間のかなりの間，水田は湛水状態となる．湛水土壌の表層（数 mm〜1 cm 程度）には，田面水を介

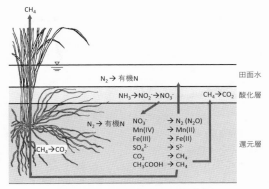

**図 6.6** 湛水水田土壌の構造と物質代謝

した大気からの拡散および田面水・土壌表層の光合成による酸素の供給により，酸化層と呼ばれる好気的な環境が形成される．水中の気体の拡散速度は大気の1万分の1程度であり，酸化層の下は微生物の呼吸活動によって還元層と呼ばれる無酸素状態の環境が形成される．また，イネ地上部から根に供給される酸素の一部は根周辺（根圏）にも供給されるため，還元層の中でも根圏は酸化的な環境となる．このように湛水水田土壌は好気環境と嫌気環境が隣接する構造性をもつようになり，それぞれの環境で特徴的な微生物活動・物質代謝が進行する（木村・南条，2018）（図 6.6）．水田土壌の構造性は定常的なものではなく，イネ栽培期間中に刻々と変化する．生育初期のイネの根圏は活発な光合成のために好気的であるが，根の酸素供給に対して同じく根から供給される有機物を利用する根圏微生物の酸素消費が上回ると，根圏は急速に嫌気的・還元的な環境になる（図 6.7）．イネが栄養成長期から生殖成長期に移行する時期の一時的な落水を「中干し」と呼ぶが，中干しによって還元層に酸素が供給されて土壌は酸化的になる．また，表層土壌の酸素濃度は日中の活発な光合成と夜間の呼吸によって，田面水よりも大きな日内変化を示す（図 6.8）．以上のように，湛水水田土壌は，酸化還元環境の構造性の点で畑や森林などの土壌とは大きく異なっており，また酸化還元環境の非定常性の点で湖沼堆積物とも性格を異にする．

## 6.2.2 水田土壌の酸化還元反応

湛水水田土壌の還元層では，酸化還元状態に応じて様々な嫌気的微生物反応

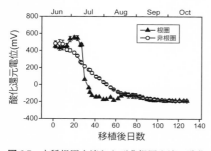

**図 6.7**　水稲根圏土壌および非根圏土壌の酸化
　　　還元電位の季節変化（Asiloglu and
　　　Murase, 2016 より作成）

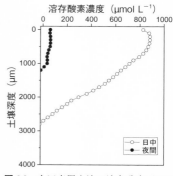

**図 6.8**　水田表層土壌の溶存酸素プロフ
　　　ァイルの昼夜変動（村瀬，未発表）

が起こる．その順序は各反応により獲得されるエネルギーの大きさを規定する
熱力学の法則に支配されており，最初は硝酸イオンなどの窒素酸化物の還元（脱
窒）が進行し，その後マンガン，鉄，硫酸イオンの還元と，反応あたりのエネ
ルギー獲得が大きい，すなわち酸化還元電位の高い微生物反応から順に進行す
る（図 6.6）．これを逐次還元と呼ぶ．一方，酸化層では，還元層から供給され
る様々な還元性の物質が酸素と反応し化学的，生物学的に酸化される．また，
還元物質の再酸化は酸素以外の酸化物質との反応で嫌気環境でも進行する．例
えば脱窒・マンガン還元に伴う鉄酸化や，マンガン・鉄の還元と硫化物（$S^{2-}$）
イオンの酸化とのカップリング反応などである（村瀬，2015）．

### 6.2.3　水田土壌の元素循環

　水田土壌の還元層で分解される有機炭素化合物は，硝酸イオン，マンガン・
鉄，硫酸イオンなどの酸化剤（電子受容体）の還元とカップリングして $CO_2$ に
まで酸化分解される．そして，これらの酸化剤の還元が進んだ強還元条件では，
酢酸や $CO_2$, $H_2$ などの中間代謝産物を経てメタンに変換される．還元層で生成
したメタンは主に水稲体を経由して大気へと放出される．水田は温室効果ガス
であるメタンの重要な発生源の 1 つである．好気的な根圏や表層土壌ではメタ
ンが微生物により酸化分解されるため，水田から大気へのメタン放出は，生成，
移動，酸化のバランスによって制御されている（村瀬，2018）．

　窒素は水田土壌中で多様かつ複雑な循環を示す．田面水や土壌表層では一部

のシアノバクテリアが，還元層では鉄還元菌や発酵細菌などの嫌気性菌の一部が窒素固定を行い，土壌に有機態窒素を供給する．有機態窒素は，酸化層ではアンモニアに加水分解された後，硝化作用により亜硝酸イオン，硝酸イオンへと変換される．硝酸イオンが拡散あるいは水の下方浸透により還元層に移行すると脱窒作用により再び $N_2$ へと還元される（図6.6）．還元層では硝化が起こらず加水分解により生じたアンモニウムイオン（$NH_4^+$）は土壌のマイナス荷電（陽イオン交換基）に効率的に保持される．このようにして，湛水水田土壌は硝酸イオンの下流への負荷を抑え，地力を高く維持することが可能となる．また，メタンに次ぐ温室効果ガスとして知られる亜酸化窒素（$N_2O$）の生成も抑えられるため，水田からの亜酸化窒素放出量は畑に比べて非常に低いと考えられている．

　土壌中のリン酸イオン（$PO_4^{3-}$）の多くは酸化鉄と強く結合しているため，植物が直接利用することが困難である．湛水水田土壌の還元層で酸化鉄が還元されるとリン酸イオンが溶出されイネに吸収されやすくなる（南澤ほか，2021）．また，還元層では土壌に含まれるケイ酸の可溶化も進行する（高橋・野中，1986）．イネはケイ酸を集積するケイ酸植物であり，土壌湛水によって可溶化したケイ酸はイネに吸収される．

### 6.2.4 他の集水域とのつながり

　日本の灌漑水田では1作期間中に120〜3,000 mm の用水を導入し，2,000〜3,000 mm を表面流出あるいは下方浸透で系外に排出している．そのため，水の移動に伴う水田外との物質輸送も重要であると考えられる．　　　［村瀬　潤］

## 6.3　水田の生物多様性

### 6.3.1　水田生態系の特性と生物多様性

　水田は米生産の場であるが，日本の陸地面積の約6％を占め主要な生態系と呼べる大きさであることから，その環境保全機能や生物多様性が注目され始めて久しい．水田生態系の特性は，人がつくり管理することによって保全されている二次的自然であるにもかかわらず，生物多様性の宝庫といわれ，記録され

る生物種数が多いことにある．例えば水田にみられるレッドデータ種として，タガメ，コウノトリ，アユモドキ，ダルマガエル，スブタ，ミズアオイなどが知られる．節足動物の普通種450種が比較的小面積の水田で一度に記録されることもある（日鷹，1998）．水田を利用する生物の中には池や沼，川（小河川），水田の間を移動する生活環をもつ種が含まれる．このことは水田の生物多様性が水田のみの問題ではないことを示唆する．

　水田は，毎年同じ場所に同じ時期に水を貯め稲を栽培するため，一時的に安定した水辺環境となる．しかし，1年の中で中干しや湛水・落水を繰り返す管理が行われるなど環境が著しく変化するため，安定した中に不安定さがあり生き物には住みにくい．ところが毎年必ず起きる変化が予測しやすいことから，多くの水田利用生物はこの二次的自然に適応してきたといえる．

　興味深いことに水田にも定住種がいる．カブトエビ，ホウネンエビ，ミジンコなどの鰓脚類がその代表格である．土中に耐久卵があり水田が湛水されるとふ化する．コモリグモの仲間は陸上動物であるが水田の畦や水路に生活圏をもち，羽化昆虫などを捕食する定住種といえる．ヌマガエル（図6.9），ニホンアマガエルなども同様である．

　他方，水田の一時的利用種としてトンボの仲間がいる．シオカラトンボ，アキアカネなどは周辺環境と水田を行き来して利用する．多くの鳥類種も水田を生活環の一部に利用し，サギ類（図6.10），ツバメが水田を餌場とする姿をよく見かける．

**図6.9**　ヌマガエル

**図6.10**　ダイサギ（写真提供：谷口義尚氏）

### 6.3.2　生物多様性と農薬

水田では害虫防除のために殺虫剤が散布され，多くの生物を減少させてきた．そのため無（低）農薬による環境配慮型の農業が模索されてきた．殺虫剤は標的外の生物にも影響を及ぼし，水田の指標生物の１つでもあるクモ類は個体数が著しく少なくなる．クモ類は水稲の害虫ウンカ，ヨコバイ類を捕食することから，殺虫剤や除草剤の不使用によりクモ類を保全した結果，農業害虫が減少した取り組みもある．無（低）農薬は農家にとって一石二鳥ともいえる．

カエル類は化学物質の曝露に脆弱で近年の世界的な減少の一因と目されている．トノサマガエルなどの普通種も減少している．ニホンアマガエルとヤマアカガエルは器官が形成される発生初期に殺虫剤曝露を受けると奇形率，死亡率が増加する．中でも従来農薬であるカルタップ（ネライストキシン系）はネオニコチノイド系殺虫剤の代替農薬として施用されることもあるが，顕著な毒性があり標準施用量よりも低い基準でも卵の急性致死や幼体の催奇形性が認められている（鎌田ほか，2020）．これに対し，低農薬や有機農法，自然栽培法によって管理されている水田では，慣行農法に比べて植物，無脊椎動物，カエル類，水鳥類の種数および個体数が多い．

### 6.3.3　水田生態系における魚類と水域環境の保全

魚類は，用排水路，水田，溜池といった一時的水域と恒久的水域の特徴をあわせもつ水域を多様に利用する．水田，溜池・水路，河川などの間を移動しながら生活環を全うする種もおり，水域を連結する水路は魚類の種多様性の維持に重要である．コイ科魚類，ドジョウ，ナマズは産卵期に河川から水路，水田に遡上する．これらの当歳魚は中干し時に水田水深が低下すると落水とともに水路に脱出するなど，不安定な一時的水域に適応するたくましさをもつ．

谷津の代表種ホトケドジョウ（図6.11）は東海地方でも比較的よくみられる．筆者らは横断工作物が多く設置された水路で連結された水田域を対象に１年を通じて調査を行った結果，移動するホトケドジョウ個体は限られ，その距離も平均数十 m 程度と短いことを見出した（田頭ほか，2015）．加えて，１年を通じて江（水田の脇に設置される素掘り土水路）に生息する個体が大部分を占めた．これに対して，工作物が少ない水路で行われた別の研究によれば最大で

図 6.11 ホトケドジョウ（写真提供：鳥居亮一氏）

図 6.12 豊田市内の水田魚道

1 km 近く移動するホトケドジョウ個体もいた．これらのことから個体群分断防止の観点から水系ネットワークの保全が重要であるといえる．例えば水路と水田を連絡する「水田魚道（図 6.12）」の設置により水田内のドジョウ，フナ属の再生産量が数倍に達することもある．その一方で，水路内の工作物を改良しネットワークを再生しても魚類の生息数量が増加しないケースもある．これは魚の生息に必要な深みの創出などの環境改善が伴わないために起きる．流速を遅くしたり，泥の堆積と植生繁茂を促すなども仔稚魚の生息場所の確保につながることから重要な整備目標となる．魚類が自由に移動できるようにするだけでは不十分なのである（6.1.2 項参照）．

　水田生態系にはカダヤシなどの外来魚も生息し，攪乱要因となっている．ボウフラ駆除の目的で長年カダヤシが移殖され続けた地域では，在来種ミナミメダカは生息場所が奪われ数が減少するなどの負の影響を受けることがある（宮崎・谷口，2009）．コイは農村整備事業や環境教育の一環で放流されることがあるが，水質を悪化させるなど生態系全体に不可逆的な変化を引き起こすなどのデメリットが知られる．コイは琵琶湖などに生息するコイ（在来型）を除き，中国大陸から持ち込まれた個体との交雑個体であり国内外来魚とみなされる．ミナミメダカやホタル類は生態系保全の象徴として扱われることが多いが，放流事業による個体群の遺伝子攪乱が懸念される．コイをはじめとするこれらの生物種の放流は，地域おこしなどの地元発意のイベントであっても自然保護と逆の結果を引き起こすおそれがある．

　　　　　　　　　　　　　　　　　　　　　　　　　　　　[谷口義則]

# 7 湧水・地下水

## 7.1　水の湧き出る場所

### 7.1.1　湧水と私たちの暮らし

　湧水とは，地下水が自然状態で地表に流出する，もしくは地表水に流入するものであり，湧出する場所は湧泉と呼ぶ．湧水は清水，生水，出水などとも呼ばれ，用水として広く利用されてきた．扇状地の扇端集落は，その立地が湧泉の存在と関わっている．文化とも密接な関わりをもち，聖地とされる湧泉，フランスのルルドの泉や，熱田神宮の清水社は，観光資源ともなっている．1985年と2008年に環境省が選定した「名水百選」には，山梨県の忍野八海（図7.1）や長野県の安曇野わさび田湧水群のような，湧水や湧泉に基づく自然景観や文化景観が多く含まれている．

### 7.1.2　湧水の成立する地形場と湧水湿地の形成

　湧水は，地下水面が地形面と交差する場所に生じる．その地形を整理すると，

図7.1　富士山麓の忍野八海（A）と周辺の地形図（国土地理院「地理院タイル」より）(B)

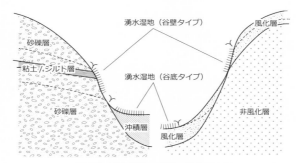

**図 7.2** 湧水湿地の地形・地質的立地
左：東海層群，右：花崗岩分布域．

谷頭，谷壁の基部，段丘崖（崖線）下部，扇状地の扇端，湖沼・旧河道・堤間低地などの窪地，火山麓の溶岩流末端などがあげられ，地形境界と重なる場合が多い．一方で斜面中腹や人工的な切通し面からも湧水が生じることがある．この場合は地質境界，すなわち，下層が岩盤・粘土などの不（難）透水層，上層が砂礫などの透水層である．糸魚川–静岡構造線で区分される西南日本の丘陵地には，湧水が地表に薄く広がり，泥炭に乏しい湧水湿地が広く分布する（富田，2010）（口絵⑧参照）．湧水湿地研究会（2019）の調べでは，東海地方だけで 1,600 カ所以上が確認されている．東海のミニ尾瀬とも呼ばれる国指定天然記念物の葦毛湿原（豊橋市）や，ラムサール条約登録湿地である東海丘陵湧水湿地群（矢並・上高・恩真寺湿地，豊田市）がその代表例である．

　東海地方の湧水湿地が成立する場の地質は，鮮新統（東海層群・古琵琶湖層群）や先第三系火成岩（主に花崗岩類），およびその両者の境界である場合が全体の約 70 ％を占める（湧水湿地研究会，2019）．これは，東海層群や古琵琶湖層群は砂礫層とシルト・粘土層の互層，花崗岩類も風化層と非風化層というように，湧水が生じやすい地質構造であることと関係が深い．地形的には，谷壁と谷底面とに大別される（図 7.2）．前者は，斜面崩壊によって形成された緩斜面に湧水が広がり流下方向に形成される．後者は，谷壁基部からの湧水が，谷底面に滞留して湿地が形成される．いずれも，湧水が影響する範囲にのみ成立するため，標準的な面積は数百 $m^2$ 程度である．

### 7.1.3 ハビタットを形成する湧水

湧水は，周囲に水を供給することで湿性のハビタットを形成する．湧水は，水温や水質が近隣の河川等の地表水とは異なる傾向を示す．湧水湿地も，周囲の地表水より，酸性かつ低電解質である．東海地方では，pH の中央値が 6.1（$n$ = 1,518），EC が 19 μS cm$^{-1}$（$n$ = 1,520）であった（湧水湿地研究会，2019）．低電解質は，植物の養分となる栄養塩類が少ないことを意味している．このハビタットには，昆虫の窒素分を取り込むよう進化したモウセンゴケなどの食虫植物が適応している．水質を 1 つの背景として，湧水湿地には湿地林や湿性草原（鉱質土壌湿原）といった植生が成立し，希少かつ特色ある動植物が生育・生息している．東海地方では，シデコブシ（図 7.3A），シラタマホシクサ（図 7.3B）をはじめとした地域固有・準固有の東海丘陵要素が確認され，ヒメタイコウチなどの生息地の限られる昆虫類も多い（7.2 節参照）．

なお，湧水の水質は集水域の土地利用や地質に影響を受けるため，場所によって標準から外れた値をとることがある．例えば，施肥された農地からの浸透により栄養塩類が増加し，EC が 100 μS cm$^{-1}$ 以上を示す，あるいは超塩基性岩類の蛇紋岩地に成立し，pH 7 以上となる湧水湿地がある（富田，2018）．

### 7.1.4 湧水湿地の保全

湧水湿地は，平野の縁辺に位置する台地や丘陵地に分布し，住宅団地の造成や道路建設などの強い開発圧を受け，今日までにその多数が消滅した．残された湧水湿地も様々な保全上の問題に直面している．中でも，湧水量の減少に由来する面積の縮小や植生遷移に苦慮している．湧水湿地の主要な分布域である

**図 7.3** 東海丘陵要素植物
A：シデコブシ，B：シラタマホシクサ．

西南日本の丘陵地は，窯業や製鉄業および生活上の燃料採取を目的とした山林
の収奪が激しく，かつては，はげ山か，アカマツなどからなる疎林である場合
が多かった．湧水湿地は，このような土砂移動の多い不安定な環境で生成と消
滅を繰り返し，その生物群は移動しつつ命脈を保ってきたことが推察される．

　ところが，1950～1960 年代の燃料革命を契機として山林の利用がなくなる
と，植生は急速に発達した．湧水の減少は，おそらく森林の発達に伴う蒸発散
量の増加と関係が深い（富田, 2012）．この因果関係には未解明の部分が多いも
のの，周囲の森林伐採を行い，湿地植生を回復させた事例もある（福井ほか,
2011）．湧水湿地は地域の生物多様性を維持するうえで重要な生態系である．保
全にあたっては，その根幹である湧水が維持されるよう，周囲の地形や植生・
土地利用を十分に検討しつつ，広域で管理を考えていく必要がある．

[富田啓介]

## 7.2　湧水湿地の生物相

### 7.2.1　東海丘陵要素

　東海地方の丘陵地・台地の湿地およびその周辺に固有もしくは分布の中心が
みられる植物群を東海丘陵要素と呼び（表 7.1），その生育地は周伊勢湾地域と
定義されている（植田, 1994）．東海丘陵要素は，西日本の一部にも隔離分布し
ていることから，その分布を規定した要因は，この地域で起こった過去の地史
的イベントと考えられている．

表 7.1　東海丘陵要素（植田, 1994 を改変）

| 草　本　植　物 | 木　本　植　物 |
|---|---|
| ウンヌケ（イネ科） | クロミノニシゴリ（ハイノキ科） |
| シラタマホシクサ（ホシクサ科） | シデコブシ（モクレン科） |
| トウカイコモウセンゴケ（モウセンゴケ科） | ナガボナツハゼ（ツツジ科） |
| ナガバノイシモチソウ（モウセンゴケ科） | ハナノキ（ムクロジ科） |
| ヒメミミカキグサ（タヌキモ科） | ヒトツバタゴ（モクセイ科） |
| ミカワシオガマ（ハマウツボ科） | ヘビノボラズ（メギ科） |
| ミカワバイケイソウ（シュロソウ科） | マメナシ（バラ科） |
|  | *フモトミズナラ（ブナ科） |

*米倉（2012）；五百川（2016）を参照．

**図 7.4**　約 300 万年から 100 万年前に存在した東海堆積盆, 古琵琶湖
堆積盆, 大阪堆積盆（吉田, 1992 を改変）
灰色部は淡水域があったと推定されている地域.

　東海丘陵要素は, 約 300 万〜100 万年前の鮮新世後期〜更新世前期には, 図
7.4 に示す東海から近畿および四国に存在した東海堆積盆, 古琵琶湖堆積盆, 大
阪堆積盆の連続した淡水域（吉田, 1992）に広く分布していたと考えられてい
る（植田, 1994）. その後, 約 78 万年前の更新世中期になると淡水域は消失・
分断したが, 湧水湿地が存在し続けた周伊勢湾地域や西日本の一部に東海丘陵
要素は残存することができたと考えられている（植田, 1994）.

　東海丘陵要素の系統学的起源は, 図 7.5A, C の食虫植物トウカイコモウセン
ゴケについては明らかになっている. モウセンゴケ属は南半球で起源し, その
後, 世界中に分布拡散したと考えられる. トウカイコモウセンゴケは, 図 7.5B
の花粉親となった北方系のモウセンゴケと, 図 7.5D の種子親となった南方系の
コモウセンゴケが交雑し, 誕生したと考えられている（南, 2020）. 両親種とな
ったモウセンゴケとコモウセンゴケともに, 母系遺伝する葉緑体 DNA（chloro-
plast DNA）の 4 領域（*pet*B 遺伝子イントロン, *rbc*L 遺伝子領域, *rpl*16-*rpl*14
遺伝子間領域, *trn*W-*trn*P 遺伝子間領域）に種内変異がないことから, 日本列
島で分布拡大したのは, 遺伝的に単一な母系集団であったと考えられる（南,
2020）. 一方, トウカイコモウセンゴケは, 種子親であるコモウセンゴケと葉緑
体 DNA の 4 領域が一致し, 周伊勢湾地域だけでなく近畿地方の集団も遺伝的

**図 7.5**　湧水湿地の生物

トウカイコモウセンゴケ（A）．長い花茎先端部に桃色の花を咲かせる（2021 年 6 月）．モウセンゴケ（B），トウカイコモウセンゴケ（C），コモウセンゴケ（D）のロゼット株．トウカイコモウセンゴケの葉は両親種の中間的な特徴を示す（2005 年 5 月）．ヒメタイコウチ（E）．呼吸管（←）は 3〜4 mm と短い（2003 年 6 月）．ハッチョウトンボ（F・G）．体長 2 cm 前後の世界最小級のトンボ．オス（F）は鮮やかな赤色，メス（G）は茶褐色で腹部に黄色，黒色の横縞がある（2021 年 6 月）．

に単一な母系集団であった（南，2020）．トウカイコモウセンゴケの生育地では，両親種のコモウセンゴケ，モウセンゴケが同所的に分布していることもあるが，これら 3 種の自然雑種が発見されていないことから（植田，1994），生殖隔離機能が生じたようである．トウカイコモウセンゴケの分布および DNA 情報を統合すると，本種は図 7.4 の淡水域で起源し，周伊勢湾地域を中心として，西日本の一部に隔離分布していると考えられる．

### 7.2.2　ヒメタイコウチとハッチョウトンボ

周伊勢湾地域の湧水湿地を代表する昆虫は，ヒメタイコウチとハッチョウトンボである．ヒメタイコウチは，体長 2 cm 前後の暗褐色で枯葉によく似た水生昆虫である．泳ぎが不得意で，水面から空気を取り込む呼吸管が 3〜4 mm と非常に短いため，水深の浅い場所でしか生息できない（図 7.5E）．本種は朝鮮半島，中国東北部，ロシア・ウスリー地方にも生息しているが，後翅が退化し飛翔能力を欠き，その移動分散の低さゆえ，ユーラシア大陸から日本列島が分離した際に取り残された大陸遺存種といえる．日本では周伊勢湾地域を中心に奈良県，和歌山県，兵庫県，香川県にのみ分布し，図 7.4 の淡水域を利用した移

動分散，その後淡水域が消失・分断した結果，地理的隔離が起こったと考えられている（堀・佐藤，1984）．母系遺伝するミトコンドリア DNA（mitochondrial DNA）の 16S rRNA 遺伝子領域を解析すると，周伊勢湾地域は近畿，四国と異なる母系集団であり，さらに，周伊勢湾地域内でも，西三河南部，知多半島，岐阜県東濃地方で遺伝的分化が起こっている（南，2020）．そのため，遺伝的地域性が高い種である．

　ハッチョウトンボは，体長 2 cm 前後の世界最小級のトンボである（図 7.5F, G）．分布域は中国，朝鮮半島，南アジアおよびオーストラリアであることから南方で起源したと考えられる．国内では九州から本州に広く分布している．生息地は水深の浅い開放水面を伴う低茎草本が生育する湿地に限定され，ヒメタイコウチと同所的に生息していることが多い．ただし，岐阜県東濃地方では母系遺伝するミトコンドリア DNA の COI 遺伝子を解析しても，ヒメタイコウチのような遺伝的地域性はハッチョウトンボから確認されなかった（南，2020）．ハッチョウトンボは，長時間の飛翔はなく，オスがなわばりを形成することから，羽化水域から移動しないと考えられていた．しかし，小さな水溜りや放棄水田にも生息しており，常に移動分散し，地理的隔離は生じていないと考えられる．

[南　基泰・藤井太一・昧岡ゆい]

## 7.3　地下水の世界

### 7.3.1　地下構造と地下水

　降雨が地下に浸透し地下水となることを涵養という．ここでは地下水を，土壌の間隙（空間）が水で満たされた場所に存在する水と定義する．なお，地表近くの水で満たされていない間隙に存在する水を土壌水と呼ぶ．地下水の多くは加圧層という水を通しにくい層（不透水層；例えば粘土層など）よりも地表側もしくはそれに挟まれた場所に存在する（図 7.6）．どちらも水を通しやすい層（透水層；例えば砂礫層，砂層など）であり，加圧層の上部に位置し自由地下水面をもつ不圧帯水層，加圧層に挟まれた被圧帯水層に大別される．井戸を設けその先端の穴の水圧が高い場合には，地下水が湧き出る自噴が起きる．東海地方では，大垣，蟹江，春日井地域には広く自噴帯が分布していたが，過剰

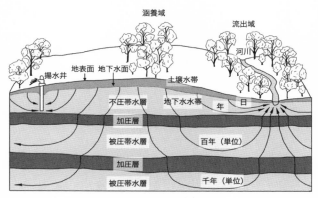

**図 7.6**　異なる滞留時間の地下水流動図（Tóth，1995 を改変）

揚水により 1960 年代には自噴しない地域も現れた．

　地下水は，地中をゆっくりと移動し，湧水や河川底部，湖沼底部から流出する．数日で地表へ流出する地下水もあるが，何層もの加圧層を浸透し，千年単位で河川へ流出する地下水もあり，流域が大きくなるほど長い年月がかかる．

### 7.3.2　地下水の揚水に伴う地盤沈下

　土層の自然な収縮や地震などの地殻変動による沈降よりも速い速度で地盤が継続的に低下する現象を地盤沈下と呼ぶ．その原因として地下水のくみ上げ（揚水）がある．揚水量を制限し，地下水位が戻ったとしても，沈下した地盤が元に戻ることはない．東海地方では，繊維産業や化学工業などの用水型工業に地下水は重宝され，1945 年以降，急激に揚水量が増加した．1959 年の伊勢湾台風では，高潮により地盤沈下した区域が長期間浸水し，その問題点が明らかになった．海水面よりも地盤の低いゼロメートル地帯は，1976 年には伊勢湾台風時の 1.4 倍になった木曽三川の河口部付近と弥富市を中心とする海部南部の地域で沈下は大きい（大東，2015）（図 7.7）．

　愛知県と名古屋市は 1974 年に公害防止条例で地下水揚水を規制し，代替水源として 1980 年に木曽川用水，1986 年に尾張工業用水水道の給水が開始された．現在，濃尾平野中西部は年間 1 cm の緩やかな沈下量となった．今後は，地下水位上昇に伴う地下構造物への漏水，液状化危険度の増大に注意するとともに，

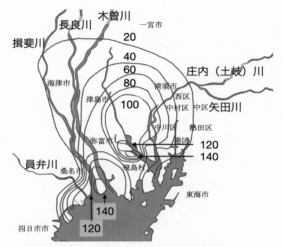

**図 7.7** 昭和 36 年以降の累積沈下当量線図（昭和 36 年 2 月〜
平成 22 年 11 月）（大東，2015 を改変）
図内の数字は単位 cm.

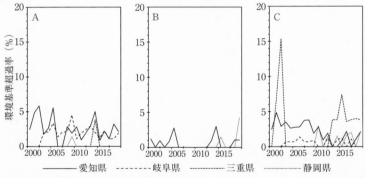

**図 7.8** 2000 年から 2019 年までの東海地方におけるヒ素（A），トリクロロエチレン（B），硝酸性窒素
および亜硝酸性窒素（C）の地下水基準超過率
環境基準はヒ素 0.01 mg L$^{-1}$ 以下，トリクロロエチレン 0.01 mg L$^{-1}$ 以下，硝酸性および亜硝酸性窒素
10 mgH L$^{-1}$ 以下である.

高潮，洪水対策などをしなければならない．北陸の豪雪地域などでは，地下水
を消雪に用いるため，今でも地盤沈下が生じている（大塚ほか，2020）．世界で
はミネラルウォーターの水源で地下水の枯渇が危惧され，企業と周辺住民との
軋轢が生じている．地下水の持続可能な保全と利用の推進のために，国や自治

体，企業や市民が参加した「協働型統治」が求められている（田中，2020）．

### 7.3.3  地下水の汚染

　地下水は，工業・農業活動といった人為的活動や，地質などの自然由来により汚染される．図7.8に農業・畜産活動による硝酸性および亜硝酸性窒素汚染，原液・廃液処理漏れによる有機塩素系化合物（トリクロロエチレンなど）汚染，地質由来のヒ素汚染の環境基準超過率を示す．ヒ素汚染は火山地質である日本の特徴といえる．有機塩素系化合物は，工業地の多い愛知県で超過するが，他の2指標に比べ少ない．硝酸汚染は愛知県では減少傾向だが全体的に超過がみられる．

　窒素汚染とその対応については岐阜県各務原市の事例が参考になる．1970年初頭に井戸から硝酸性窒素が水道水質基準を超えて検出され，大学，地方自治体の研究者・職員などが共同調査し，ニンジン農地の施肥が原因と突き止めた（各務原地下水研究会，1994）．その後，科学的見地から減肥の検討を農家と協力して行い，硝酸性窒素濃度は減少傾向に転じた．　　　　　　　　　　　[松本嘉孝]

---

### ●コラム 10　名水は飲めるのか

　みなさんは，湧水や井水をそのまま飲んだことはないだろうか．信仰や地域の文化に関わりのある湧水や井水は「名水」と呼ばれ，茶会や日常生活の水として利用されてきた．今日ではお茶やコーヒーを煎れるため，野菜や魚などを洗うために利用され，地域と密接に関わっている．観光で名水を訪れその場で飲んでいる人もみかける．しかし，名水は必ずしも安全でおいしいと保証されているわけではない．久野・村上（2018）は，夏季に東海3県の名水81泉を調査し，7泉が大腸菌群推定試験で陰性，49泉がおいしい水の要件を満たしているが，安全性とおいしさの両方を満たした名水はわずか4泉にすぎないことを明らかにした．特に夏季は水温を低く感じ，周囲の涼しげな環境の効果により，生水が躊躇なく飲まれるが，安全面に関しては問題が大きい．場所によっては飲料水として処理されていないことや汚染されていることを表記している看板が設置されているが，名水を安易にそのまま飲用することは避けたい．

[久野良治]

## ●コラム 11　日本のカナート：マンボとは？

　マンボ（間歩，間風）は，中東地域の乾燥地帯にみられるカナートと同様に，竪穴と横穴をもつ暗渠式の手掘り地下水灌漑である．手掘り作業は通常 1 人で行われるため，幅は約 0.5〜1 m，高さは 1〜2 m（口絵 9）と大きくはないが，長さは 50 m から 1 km を超えるものもある．水源は地下水が多く，河川水も利用される（図 7.9）．起源は江戸時代末期と考えられており，三重県北勢地域に多く現存し，愛知県，岐阜県，奈良県，福井県にも点在している．暗渠が採用された理由は，浅層地下水や伏流水を利用できることに加え，開渠式の土地買収の煩雑さや労力不足などを回避できることがあげられる．水温は暗渠かつ地下水であるため，夏季には低く冬季は高い傾向をもつ．水量は夏季には雨量に基づいて増水し，冬季には地下水面が下がるため渇水することも多い．マンボは，地域の農業に大きく貢献してきたが，年に一度，水路の土砂を取り除く「マンボ浚え」を必要とし，維持管理に労力を要することや，専業農家の減少により，小規模なマンボは廃止される傾向にある．しかし，マンボは先人たちの大きな労力と高い技術の結晶であり，地域の重要な文化遺産としている地域もある．

[大八木麻希]

**図 7.9**　下野尻マンボ（三重県いなべ市）

# 8 河川下流域

## 8.1 河口域の水環境

　河川が海に流れ込む場所は河口域である．川は基本的に標高が高い上流から低い下流に向かって流れていくが，河口域では，主に潮汐の影響を受けて，流れの向き，水位，水際の位置が変化する区間がみられ，感潮域と定義される．感潮域は，海水が河川を遡上する汽水域を含むが，淡水である河川水と海水とでは塩分濃度，水温や水に含まれる砂（浮遊砂）の量が異なることから，密度の差を生じる．流体の運動は密度の影響を受けるので，密度の差の大きな流体が併存しているところでは，流体は特徴的な動きを示す．基本的には密度の大きな流体は，密度の小さな流体の下に潜り込みながら個別に層をつくり（成層），それぞれの層が流動しつつ，混合が起きて均一化していく．この密度差のある流体の個別運動と，混合のバランスによって，層ごとの個別運動の特徴が強い弱混合，層の混合が進んだ強混合，その中間の緩混合とを区分する（図8.1）．

　弱混合は，潮汐が比較的弱い状況や地域（日本海側）で生じやすく，河川水と海水がそれぞれ明確な層を形成する（図8.1A）．遡上する海水の層を，塩水くさびと呼ぶ．強混合は，強い潮汐により引き起こされる乱れにより，河川水と海水の水深方向の混合が進み，水深方向の密度差が小さい（図8.1B）．強混合は潮汐が強い太平洋側で，長い感潮域をもつ小河川でみられる．これら混合型は，同じ河川でも潮位変動に応じて変遷する．なお，洪水時には，河川水が海洋まで混合せずに到達し，逆に渇水時には海水遡上が盛んになる．

　汽水域や感潮域の長さは，潮汐の強弱，河川形状や流れ条件により異なる．図8.2に大潮時の潮位変動量と感潮区間の長さと混合形態の区分を整理した図を示す．大きな潮位変動や長い感潮区間が混合を促進させる傾向があることが確認できる．表8.1には東海地方の一級河川の感潮区間・海水遡上距離・河口

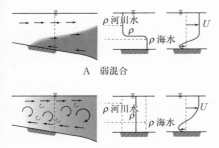

図 8.1 河口域における河川水と海水の混合状況（左），密度（ρ）の鉛直分布（中），流速（U）の鉛直分布（右）（室田, 2000より作成）

A 弱混合，B 強混合.

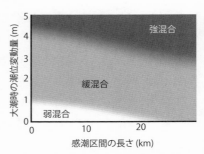

図 8.2 感潮区間の長さと潮位変動量による淡水・海水の混合形態の区分図（須賀, 1979 より作成）

表 8.1 東海地方の一級河川の感潮区間・海水遡上距離・河口域の河床勾配（山本ほか, 1993）

| | 潮位変動量 | | 感潮区間 | 既往の海水遡 | 低水路 |
|---|---|---|---|---|---|
| | 大潮（m） | 小潮（m） | （河口から km） | 上距離（km） | 河床勾配 |
| 狩野川 | 1.6 | 0.2 | 4.8 | 3.0 | 1/930 |
| 菊　川 | 1.9 | 0.02 | 4.0 | 3.0 | 1/1,200 |
| 豊　川 | 2.2 | 1.2 | 12.2 | 11.0 | 1/18,000 |
| 矢作川 | 2.2 | 0.4 | 6.8 | 8.5 | 1/2,600 |
| 庄内川 | 2.7 | 0.12 | 14.6 | 8.6 | 1/5,000 |
| 木曽川 | 2.2 | 1.2 | 25.0 | 19.0 | 1/5,000 |
| 長良川 | 2.1 | 1.1 | 25.0 | 16.0 | 1/5,000 |
| 揖斐川 | 2.3 | 0.4 | 31.0 | 19.0 | 1/5,600 |
| 鈴鹿川 | 1.5 | 0.4 | 2.6 | | 1/750 |
| 雲出川 | 2.0 | 0.4 | 3.2 | | 1/3,270 |
| 櫛田川 | 2.0 | 0.4 | 3.8 | | 1/1,600 |
| 宮　川 | 1.2 | 0.4 | 6.8 | | 1/3,020 |

長良川については河口堰建設中の数値を示す.

域の河床勾配を示す．木曽三川は，感潮区間長・海水遡上距離ともに大きいことが確認できる（ただし長良川は河口堰建設中の数値を示している）．静岡県（狩野川，菊川）や三重県（鈴鹿川，雲出川，櫛田川，宮川）の河川は，比較的感潮区間が短いことも確認できる．河川水と海水の混合の程度が時間変化する

汽水域では，特徴的な生態系が形成される．汽水域では，河川の上流から流れ
てきた細砂やシルトが，海水に含まれる塩類と結合して凝集し，同時に有機物
や栄養塩を取り込み，沈殿・堆積していく．堆積した有機物は，底生動物の餌
資源となるが，川底の貧酸素化を引き起こし，動物相に影響をもたらす原因に
もなる．ただし，汽水域では，潮汐や河川水の流入により酸素が供給されるた
め貧酸素になることが少なく，堆積した有機物は，底生動物の種多様性と現存
量を豊かにしている．

　河口域では波や沿岸流による砂の移動が起き，高潮や季節的な波浪の強まり
により，河口の閉塞が起きることがある．河口の閉塞は海水の遡上を抑制する
とともに河川流を妨げることで，河川水位を上昇させる要因ともなる．河口域
の川底は細砂やシルトに覆われていることが多いが，河床勾配が急な河川では，
汽水域・感潮域も短く，川底が細砂やシルトよりも大きな砂礫に覆われたまま
海洋に接続する河川となる．山地の砂防やダムなどにより河口域に至る砂礫の
量が減ると，沿岸域の砂浜や礫浜が後退する要因となる．　　　　　[椿　涼太]

## 8.2　干 潟 の 環 境

### 8.2.1　干潟の一次生産

　干潟は河口付近に位置し，潮汐に応じて冠水と干出を繰り返す広く平らな砂
泥地帯であり（図8.3）（口絵⑩参照），豊富な栄養塩や光エネルギーの供給，大
気-干潟間の活発なガス交換，底泥の高い保水力などにより生物生産が高い場で
ある．干潟の主要な一次生産者は砂泥上に生息する付着藻である．この単細胞
の藻類は増殖速度が速く，1年を通じて生食食物網の起点となっている．また，
付着藻が細胞外に分泌する有機物は微生物ループを介して干潟の生物を支えて
いる．

　主な付着藻は羽状目珪藻で，そのほかに，シアノバクテリアや渦鞭毛藻もみ
られる．干潟の砂泥を顕微鏡で観察すると，運動性と固着性の珪藻を容易に観
察できる（図8.4）．干潟に隣接する浅水域では，付着藻に加えて，大型の海藻
（ホンダワラ）および海草（アマモ）が重要な一次生産者として加わる．

　付着藻は豊富な生物量と高い生産力を年間を通じて維持している．図8.5は，

**図 8.3** 冠水時（A）と干出時（B）における藤前干潟（写真提供：寺井久慈氏）

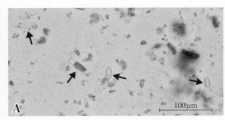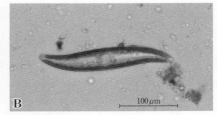

**図 8.4** 干潟の付着珪藻およびその被殻（A）と運動性の羽状目珪藻（B）

三河湾一色干潟における付着藻と植物プランクトンのクロロフィル *a* 量（生物量の指標）および一次生産速度を示している．付着藻の生物量と一次生産速度は，植物プランクトンと比較して，年間を通じて高く，季節的変動が少ないことがわかる．つまり，付着藻は干潟の従属栄養生物の安定した有機物供給源として重要な役割を果たしている．門谷（2014）は，世界各地の干潟で得られた付着藻の一次生産速度を比較し，5〜892 gC m$^{-2}$ y$^{-1}$ の範囲で報告している．また，Charpy-Roubaud and Sournia（1990）は，全球の沿岸海域における付着藻の一次生産速度の平均値を 100 gC m$^{-2}$ y$^{-1}$ と結論づけている．この値は富栄養化した内湾における植物プランクトンの平均的な一次生産速度に匹敵しており，付着藻が干潟を含めた沿岸海域において重要な一次生産者であることを示している．

　付着藻は光合成（4.2.1 項参照）によって生産した有機物を自身の細胞増殖に利用するが，同時に一部の有機物を細胞外に多量に排出する．特に，干潟で優占する珪藻は，多量の有機物を蓋殻上の縦溝や粘液孔から細胞外に分泌する．この分泌物は細胞外有機物（EOM：extracellular organic matters）と呼ばれ，

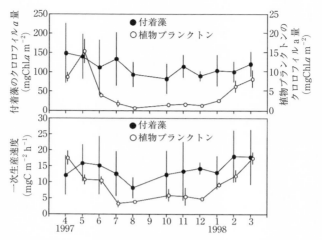

**図 8.5**　三河湾一色干潟における付着藻と植物プランクトンのクロロフ
ィル *a* 量と一次生産速度（Goto *et al.*, 2000）

粘着性の多糖類（EPS：extracellular polymeric substances）を主成分とし，
様々な形態（粘着膜，柄，棲管，頂パッドなど）で細胞を覆い，付着基質への
接着剤，滑走運動，土壌安定化，抗菌性などを有していると考えられている.
この細胞外有機物は一次生産のおよそ30〜70％（炭素換算）に及ぶことが知ら
れており，そのほとんどは従属栄養生物の炭素・エネルギー源として利用可能
な易分解性有機物である（後藤, 2002）．比較対象となる植物プランクトンの細
胞外有機物は，一般に一次生産のおよそ数〜30％の範囲にある.

　付着藻（藻類細胞）は干潟に生息する底生生物（線虫，イトミミズ，二枚貝，
巻貝，カニ，ゴカイなど）の餌資源として摂食され，生食食物網の基盤となる.
一方，細胞外有機物は従属栄養細菌が利用・増殖し，その細菌を原生生物が摂
食する微生物ループを介して干潟の食物網に入る（図 8.6）．つまり，付着藻によ
って生産された有機物は生食食物網と微生物ループを通じて干潟の多種多様な
生物を支えており，特に，底生系は微生物ループを介した物質・エネルギーの流
れが浮遊系と比較して大きく，干潟生態系を支える重要な場であるといえる.

　高い生産力とそれに伴う豊かな生物相や，河川を通じて陸域から流入する有
機物の分解，栄養塩の吸収などの水質浄化能を有する干潟を保全・再生するこ
とは重要な課題である．しかし，日本の干潟は埋め立て・干拓などにより，1945

**図 8.6**　干潟における底生系と浮遊系の食物連鎖網の構造

年の約 8 万 2,000 ha から 1996 年には 4 万 9,380 ha まで減少した（海の自然再生ワーキンググループ，2003）．そこで，1980 年代頃から人工干潟の造成が全国各地で進められてきている．人工干潟の造成には，多くの科学技術的・社会的課題があるが，豊かな水域生態系を取り戻すためには，干潟の理解を深化させながら進める必要がある．　　　　　　　　　　　　　　　　　　**［後藤直成］**

### 8.2.2　干潟におけるガス代謝

　干潟では，干潮時には大気からの酸素供給によって好気環境が，満潮時には嫌気環境が交互に形成されるため，底泥中には酸化層と還元層が共存している．ここでは，ガスの生成・消費という側面から干潟生態系を覗いてみる．干潟の底泥堆積物中では，有機物が細菌によって分解されると，酸素が消費されて表層から段階的に貧酸素状態が強まる．表層の酸化層は茶色を，下層の還元層は硫化物に起因する黒色を示す（図 8.7）．溶存酸素濃度の低下に伴い（酸化還元電位；ORP +50〜−50 mV），脱窒細菌群による脱窒を通じて，硝酸イオン（$NO_3^-$）→ 亜硝酸イオン（$NO_2^-$）→ 一酸化二窒素ガス（$N_2O$）→ 窒素ガス（$N_2$）の還元反応が進行する．窒素ガスは大気中に放出され，これは干潟のもつ浄化機能の 1 つである．

　図 8.8 は，名古屋市港区から飛島村にかけて広がる藤前干潟において，干潮時刻の前後 2 時間（計 4 時間）で一酸化二窒素ガスの発生量を調べた結果である．一酸化二窒素ガスは 0.09〜0.26 μL $L^{-1}$ 4 $hr^{-1}$ の増加が観測された．干潮後の発生量が大きい理由として，底泥下層部の間隙水中の溶存酸素が脱窒に適し

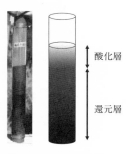

**図 8.7** 干潟底泥の鉛直構造

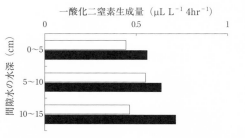

**図 8.8** 藤前干潟の底泥間隙水中における干潮前後の一酸化二窒素の発生量（2002 年 8 月）（大八木，未発表）
白：干潮時刻 2 時間前，黒：干潮時刻 2 時間後.

た濃度に低下したことが考えられる.

　さらに酸素が少なくなる（ORP −50〜−600 mV）環境では，硫酸還元菌が硫酸イオン（$SO_4^{2-}$）を毒性の強い硫化水素（$H_2S$）に還元する. 多量に生成されると青潮を引き起こし，内湾の水産業に壊滅的な打撃を与える. ORP −400〜−1,000 mV まで低下するとメタン生成菌によってメタン（$CH_4$）ガスが生じる. 硫酸還元菌とメタン生成菌は，原核生物の古細菌に含まれ，細菌や真核生物の藻類とは異なる系統に属する. 干潟には，肉眼では見えないが，生物界の3 ドメインが共存し物質代謝を行っている. 干潟のような湿地から放出される一酸化二窒素とメタンガスの大気中濃度は高くはなく，それぞれ 1.88 ppm, 0.33 ppm であるが，強力な温室効果ガスであり，二酸化炭素を 1 とした地球温暖化への寄与を指数で示す GWP（global warming potential）は，それぞれ 25, 230 と高い値を示すことが特徴としてあげられる.　　　　　　[大八木麻希]

## 8.3　内湾の生物多様性―貝類を指標として

　内湾の礫には，石の表面がまったく見えないほどの無脊椎動物が生息する. フジツボ，カキ，カイメン，コケムシが表面を覆い，その上にはイソギンチャク，エビ，カニ，ウニ，ヒトデ，ナマコや貝類が付着し，数十種，数百匹もの生物が集まることもある（口絵⑪）. 礫 1 つに肉眼で観察可能な動物の多様性がこれほどまでに大きい場所は陸上では考えられない. 河口域，干潟と接する内

湾は潮の干満により，塩分や水温の日変化が大きく，生物にとっては過酷な環境である．その反面，8.1 節と 8.2.1 項で示されている通り陸域からの有機物の供給と高い一次生産力が生物多様性を支えている．

　内湾は，高度経済成長期にほぼ人工海岸へと改変を受け（菊池，2000），浅海域はヘドロで覆われた．その結果，例えば貝類の多様性が危機的な状態にまで破壊されたことが示された．愛知県では，マルテンスマツムシ，ハイガイ，アゲマキ，イチョウシラトリなどが絶滅している（愛知県環境調査センター，2020）．ここでは中部国際空港建設に伴う生物多様性の消失を，貝類を指標として評価する（西條ほか，2008）．空港島建設前（1996〜1998 年の計 8 回の調査）と建設後の（2002〜2010 年の計 18 回の調査）の貝類の平均種数（図 8.9A）と平均個体数（図 8.9B）はいずれも建設後に激減し，汚濁指標性の高いホトトギスガイ（口絵⑪）が急増し底質を覆い尽くした．原因は南下する海流が空港島にぶつかり流速が小さくなり，有機汚泥が堆積したことによると推測された．

　このように貝類の多様性は失われつつあるが，内湾に生息する二枚貝の水質浄化能力は大きい．表 8.2 は，藤前干潟（90 ha）に優占する二枚貝 6 種の推定個体数と，全有機態炭素（TOC）と全窒素（TN）の吸収量である．TOC と TN の量を 1 日の人間 1 人の生活排水量に換算すると，1 日に TOC で 3 万 3,200 人分，TN で 8,430 人分を浄化していることになった．しかし，藤前干潟が埋め立てられてしまえば，これだけの汚濁物質が毎日蓄積されることになる．

　今日では保全や自然再生への意識が高まり，かつて，絶滅危惧種に指定された貝類（例えば，ハマグリ，イボキサゴ，コベルトカニモリなど）の個体数が

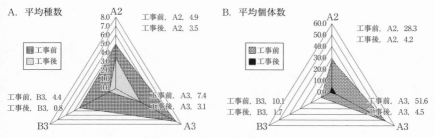

**図 8.9** 中部国際空港建設前後の貝類の種数と個体数の変化（川瀬，原図）
A2，A3，B3 は調査地点を表し，続く数値は種数，個体数を示している．

**表8.2** 藤前干潟に生息する二枚貝6種の浄化能力 (川瀬ほか，2009)

| 和名 | 学名 | 個体数 (万個) | 1日の減少量 (kg) | |
|------|------|------|------|------|
| | | | TOC | TN |
| ヤマトシジミ | *Corbicula japonica* | 1,893 | 67.7 | 17.3 |
| ソトオリガイ | *Laternula marilina* | 1,705 | 132 | 35.8 |
| シオフキガイ | *Mactra veneriformis* | 1,003 | 95.6 | 27.6 |
| オキシジミ | *Cyclina sinensis* | 948 | 40.2 | 11.9 |
| アサリ | *Ruditapes philippinarum* | 1.8 | 0.06 | 0.01 |
| イソシジミ | *Nuttallia olivacea* | 1.0 | 0.06 | 0.01 |
| 合計 | | 5,552 | 336 | 93 |

回復しつつある．三河湾の潮間帯では，アマモ場が再生し，きれいな砂泥が広がる海岸も増えてきた．例えば愛知県南知多町や西尾市佐久島の貝類相は驚くほど多様性が高い（口絵⑪）．佐久島（筒島付近）では，わずか2回の調査で170種もの貝類が発見されており（早瀬・木村，2020），その後の筆者らの調査でも追加種が記録されている．さらに，佐久島（筒島付近）と南知多町長谷崎付近ではウミウシ類（口絵⑪）の多様性も極めて高いことが判明した（柏尾ほか，2021）．ウミウシは，海綿動物，原索動物，刺胞動物，触手動物，環形動物，棘皮動物，軟体動物から海藻まで種ごとに食性が多様化しており，餌資源に強く依存している．つまりはウミウシの多様性の高さは，環境の多様性に比例する．

　磯で腰を下ろして水の中を見ていると，多様な生き物たちが活動を開始する．二枚貝は水管を出し，イソギンチャクやカンザシゴカイが触手を伸ばし，餌の取り込みを始め，礫に隠れていたエビ，カニ，魚や巻貝が動き始める．10〜20分で多様な行動を観察することができる．夜間にはウミホタルやウミサボテンなどの発光シーンが幻想的であり，夜行性生物との出会いもある．海岸生物に関する多くの図鑑が出版され，ウェブサイトでは動画も見られるが，やはり野外で実際に観察すると，沢山の魅力を感じることができる．　　**[川瀬基弘]**

シリーズ編者 **宮下直・西廣淳**

# 人と生態系のダイナミクス

**シリーズ完結！**

# ❺ 河川の歴史と未来

152頁
978-4-254-18545-4　C3340
2,970円(本体2,700円)
2021年9月刊行

【著者】
西廣　淳(国立環境研究所)　　宮崎佑介(白梅学園短期大学)
瀧健太郎(滋賀県立大学)　　　河口洋一(徳島大学)
原田守啓(岐阜大学)　　　　　宮下　直(東京大学)

## 川と人の関わりの歴史と現在、課題解決を解説。
## 態系から治水・防災まで幅広い知識を提供する。

書店

# 人と生態系の ダイナミクス

## ❶農地・草地の 歴史と未来

【シリーズ編者・本巻著者】
宮下 直（東京大学）
西廣 淳（国立環境研究所）

A5／176頁
ISBN978-4-254-18541-6 C3340
定価2,970円（本体2,700円）

2019年7月刊行

日本の自然・生態系と人との関わりを
農地と草地から見る。

# 人と生態
## ダイナ

### ❷森
### 歴

【執筆者一
鈴木 牧
齋藤暖生
西廣 淳
宮下 直

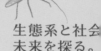

生態系と社会
未来を探る。

/192頁
N978-4-254-18542-3　C3340
本3,300円(本体3,000円)
2019年12月刊行

森林の歴史と

性
遷

ての森と人―

態系
―

# 人と生態系の ダイナミクス
## ❸都市生態系の 歴史と未来

【著者】
飯田晶子(東京大学)
曽我昌史(東京大学)
土屋一彬(国立環境研究所)

A5/180頁
ISBN978-4-254-18543-0　C3340
定価3,190円(本体2,900円)
2020年10月刊行

都市の自然と人との関わりを、歴史・生態系・ 都市づくりの観点から総合的に見る。

宮下 直・西廣 淳 編著

人と生態系の
ダイナミクス

**4 海の
歴史と未来**

堀 正和・山北剛久 著

朝倉書店

# 人と生態系の
# ダイナミクス

## ❹ 海の
## 歴史と未来

【著者】
堀 正和 (水産研究・教育機構 水産資源研究
山北剛久 (海洋研究開発機構)

A5/176頁
ISBN978-4-254-18544-7 C3340
定価3,190円(本体2,900円)

**2021年3月刊行**

人と海洋生態系との関わりの歴史、生物多様性の
特徴を踏まえ、現在の課題と将来への取り組みを解

1.1　最終氷期から縄文期
(1) 日本の海の利用の源流
(2) 旧石器時代:日本列島の人々の成り立ちと海を渡る人々
(3) 縄文時代:貝塚から見た海産物の利用
1.2　弥生時代から江戸末期
(1) 古墳時代から飛鳥時代の海部(あまべ)と漁業者の組織化
コラム1　海の神々と船を操る人たち
(2) 正倉院と木簡から見る古墳,飛鳥,奈良,平安時代の食と流通
コラム2　アワビとその採集の歴史
(3) 海の文化的サービス、潮干狩り、磯遊び
(4) 流通の拡大と北前船によるコンブ・ニシン粕運搬
(5) 肥料源としての海産物利用
1.3　近代から現代へ:漁法の発達と漁獲の拡大
(1) 近代漁業へ発展するまでの歴史的背景
(2) 近代漁業と漁業法の確立
コラム3　江戸・明治から昭和初期にかけての漁業・
漁法の発展
(3) 養殖業の出現
(4) レジャーの出現
1.4　第1章のまとめ
第2章　生物多様性の特徴
2.1　海における原生的自然観とは
(1) 海辺の生態系が成立する歴史的背景
(2) 日本列島周辺での気候変化の概要
コラム4　気候変動と海進

2.2　海-陸間での人や生物の相互作用
(1) 陸域の土地利用と川・海とのつながり
(2) 海から陸への自然な循環
2.3　撹乱と海洋生物
(3) 種の共存機構としての撹乱と遷移
(4) 海洋生物の空間スケールと人為的撹乱の関係
(5) 海洋生物への撹乱の効果と漁獲圧の歴史的変遷
(6) 海域での撹乱としての人のかかわり:
現代のオーバーユースとアンダーユース
2.4　モザイク景観と生物多様性
(1) 景観という概念と里山
コラム5　里海の創成
(2) 景観のモザイク性の生物多様性への効果の概念
(3) 景観のモザイク性の海洋ベントスへの効果
(4) 景観のモザイク性の魚類への効果
(5) 今後の課題としての景観のモザイク性と
人間との関係
第3章　現状の課題
3.1　陸域・人間活動の発展の光と陰
(1) 農業と水産業との乖離
(2) 海洋汚染・海岸開発と人工護岸化
コラム6　海洋プラスチック問題
3.2　海の利用とガバナンスの変化
(1) 食文化の変化:雑魚食からマグロ食へ
(2) 食文化の場から産業の場へ
(3) ガバナンスの再考の必要性:
生態系サービスの需要の変化

3.3　漁業とその近代化による自然資本と
生態系サービスの変化
(1) 過剰漁獲が起こる時
(2) 養殖へのシフト
(3) 栽培漁業との関係
3.4　気候変動と生態系の変化の事例
(1) 自然資本の減少
(2) 需要の減少と未利用資源の増加
第4章　人と海辺の生態系の未来
──課題解決への取り組み
4.1　新しい海域利用に向けて
4.2　陸と海との関係の再構築
(1) 自然資本と生態系の地域再生
コラム7　社会生態システムとは
(2) 漁港・漁村・漁場の多面的機能の再評価
(コベネフィット)
(3) 気候変動への適応
4.3　集水域から海辺までの統合沿岸管理
4.4　ガバナンスの再構築:環境保全に配慮
生態系管理へ
4.5　国際的組織と連携した地域管理
(1) 海域の広域評価と重要海域の特定
(2) 日本の海洋保護区
(3) 生物多様性を守る海洋保護区の管理とそ
(4) 将来の社会の変化を考える
4.6　現在・将来に向けた取り組みのまとめ・むすび
参考文献　用語索引　生物名索引

※所属

【キリトリ線】

| | | | | お名前 | | ご住所 |
|---|---|---|---|---|---|---|
| **❺河川の歴史と未来** | 定価2,970円(税込) | | 冊 | | | |
| **❹海の歴史と未来** | 定価3,190円(税込) | | 冊 | □公費／□私費 | | TEL |
| **❸都市生態系の歴史と未来** | 定価3,190円(税込) | | 冊 | 取扱書店 | | |
| **❷森林の歴史と未来** | 定価3,300円(税込) | | 冊 | | | |
| **❶農地・草地の歴史と未来** | 定価2,970円(税込) | | 冊 | | | |

朝倉書店　〒162-8707 東京都新宿区新小川町 6-29 ／ 電話03-3260-7631 ／ FAX 03-326
https://www.asakura.co.jp ／ E-mail:eigyo@asakura.co.jp ／ 価格は2021

## ●コラム 12　マイクロプラスチックのマクロな問題

　我々の生活の様々なところで関わりをもつプラスチック製品．プラスチックは，ゴミとして正しく処理されれば問題ないが，自然界に放出してしまった場合にゴミとして長期的に自然界に漂流することになる．その間に紫外線によって劣化したり，破損して小さくバラバラになったりするが，分解されることはなく崩壊するのみである．崩壊した5 mm以下のプラスチックをマイクロプラスチックと呼ぶ．名称にはマイクロと冠しているもののマイクロサイズではないものも含まれるため，目視でも十分に観察することができるので，ぜひみなさんも道路わきや海岸の汀線上などで探してみてほしい（図8.10）．

　マイクロプラスチックは一次プラスチックと二次プラスチックに分けることができる．前者は最初からマイクロプラスチックサイズで生産されたもので，レジン（プラスチック製品の原料）などがある（図8.11）．後者はプラスチック製品などが自然下で崩壊してマイクロプラスチックとなったもので，発泡スチロール容器，ポリ袋の破片などがあり，1つの製品から多量のマイクロプラスチックが発生する．

**図8.10**　海岸で採集されたマイクロプラスチック　　　**図8.11**　徐放性肥料カプセル

　さらに，マイクロプラスチック問題はゴミ問題としてだけではなく，生物と大きく関わりをもつことが危惧されるため，近年急速に世界各国で対策がとられるようになってきた．第一に，マイクロプラスチックの誤飲による物理的な問題がある．第二に，マイクロプラスチック表面は化学物質を吸着しやすい性質をもち，有害物質を吸着し水域に生息している生物が意図せずに体内に取り込んだ場合には重大な影響があることが懸念されている．マイクロプラスチックの体内への取り込みは，大型哺乳類や鳥類だけでなく，魚やミジンコまで報告事例があるが，直接的にどのような影響を与えているかについては，重要な課題として残されている．　　　　　　**[大八木麻希]**

## 章末問題（5〜8章）

**問1**　一回循環湖（5.2節）において，1年を通して鉛直方向に全循環しない現象が起こることがある．その要因と生態系への影響を論じなさい．

**問2**　流域圏の環境保全に水田が果たす役割について，「水質」，「地球温暖化」，「生物多様性」の3つの言葉を使い説明しなさい．

**問3**　東海丘陵の湧水湿地に生息するヒメタイコウチは，ハッチョウトンボに比べ，種内の遺伝的分化が顕著である．この仕組みを説明しなさい．

**問4**　河川下流域に広がる干潟には多種多用な生物が生息しており，生物生産の高い場であるが，人間活動による干拓や埋め立てによる干潟の減少が問題となっている．そこで，干潟の保全対策を立案し，その手法と課題を述べなさい．

**問5**　表の情報を用いて次の（1）〜（3）に答えなさい．

表　琵琶湖北湖，浜名湖，三河湾の平均水深と滞留時間

|  | 所在地 | 状態 | 平均水深 (m) | 滞留時間 (年) | 出典 |
|---|---|---|---|---|---|
| 琵琶湖北湖 | 滋賀県 | 中栄養湖 | 45.5 | 5.4 | Tezuka (1992) |
| 浜名湖 | 静岡県 | 汽水湖 | 4.5 | 0.1 | 松梨・今村 (2000) |
| 三河湾 | 愛知県 | 内湾 | 9.2 | 0.08 | 松梨・今村 (2000) |

（1）2.3節の Vollenweider の式から，表の水域の $L_p$ を算出しなさい．

（2）$L_p$ を用いて3つの水域の富栄養化の進行と回復について説明しなさい．

（3）河川の流入量から推定した三河湾の滞留時間は1年程度であるが（宇野木，2001），実際には表に示された通りである．この仕組みを8.1節に示された河口域の水の混合を参照して説明しなさい．

# 9 陸水が支える都市

## 9.1 都市の陸水

　都市域の地面は，アスファルトやコンクリートで覆われた不浸透面が広がり保水・遊水機能は小さくなるため，降った大半の水は浸透せず地表を流れる．この水を人工的に排出する役割を担うのが集水桝や排水溝などの下水設備であり，ここで集められた水は地下の下水道や河川へとつながっている．局地的でも下水道の処理能力を超える雨水（内水）が一度に流入すると，集水桝やマンホールを介して水が溢れる「内水氾濫」が発生する．一方，下水道の流出先ともなる都市河川では，流域の保水・遊水機能が乏しいため，流域にまとまった量の雨が降ると，急激な水位の上昇とともに河川水（外水）が溢れる「外水氾濫」が発生する場合がある（10章参照）．一般に大都市では，堤防整備などの治水対策が進められているため，外水氾濫より内水氾濫の発生頻度が大きく，水害被害額も大きくなる傾向にある（図9.1）．

　都市では，その発展に伴って増大する水需要を賄うため，流域外の大河川から取水して利用していることが多い．例えば，名古屋市は木曽川から取水し，事業所や住宅で水道水として利用した後，下水処理水（9.2.3項参照）として庄内川など（図9.2）へ放水され，水源である木曽川への水の戻りはない（名古屋市上下水道局, 2020）．取水された河川は，流量レジーム（流量変動様式）が大きく改変され（3.4節参照），一般に河川流量の減少は生物の生息場所の縮小や改変を引き起こして生態系に悪影響を及ぼす．一方，年間を通して安定した下水処理場からの処理水を受け入れる都市河川では，河川流量が回復する．都市にとって流域外からの取水は避けられず，渇水や災害の際にも水の安定供給を図るため，揖斐川から木曽川への水供給（木曽川水系連絡導水路）など，さらなる水源確保の検討がなされている．今日，都市における陸水は流域だけでな

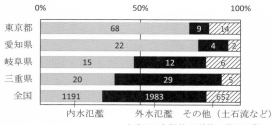

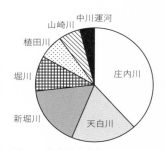

**図 9.1**　水害原因別（内水氾濫, 外水氾濫, その他）被害額の割合（国土交通省「水害統計調査」より作成）2010～2019 年の 10 年間の平均.

**図 9.2**　名古屋市水処理センター（15 カ所）の放流先河川（名古屋市上下水道局, 2020 より作成）.

く, その周辺の関連する地域や氾濫原を含めた「流域圏」によって賄われているといえる.

　都市における陸水環境は, 以前にあった河川や水路が改変され, コンクリートでの三面張や蓋を被せての暗渠化, 埋立てなどがされてきた. かつて人々が水や生物と触れ合う絶好の場であった小河川の減少は, 人々の水辺への関心を薄れさせてきた. しかし近年, 都市域を含めた水辺景観の復元／再生は世界的な関心事項となっている. 1990 年代に始まった日本の河川再生 "多自然（型）川づくり" は全国で万単位の事例を蓄積してきたが, 暗渠化され汚染された都市河川を再生したという点では, 2005 年に復元された韓国ソウル市の清渓川（Cheong gye cheon）が象徴的である（日本河川・流域再生ネットワーク, 2011）. 岐阜県多治見市でも, 2016 年に暗渠化されていた水路を再生し駅前に「虎渓用水広場」を設置して, 憩いの場を創出している（土木学会デザイン賞 2020 年優秀賞受賞）.

## 9.2　都市の水利用

　日本全体で上水利用のため河川から浄水場へ 116 億 $m^3$ 年$^{-1}$, 地下水から 30 億 $m^3$ 年$^{-1}$ 取水しており, そのほとんどが下水道を経由（151 億 $m^3$ 年$^{-1}$）して公共用水域へ排水している（国土交通省「令和 2 年度 日本の水資源の現況」）. つまり, 上水道・下水道（人工的な流路）による水移動は日本の水循環の要素

の1つとなっている.

### 9.2.1 上水道・下水道事業の始まり
#### －水系感染症対策としての衛生事業

日本では，現在のような「水を川や地下から取り入れ，浄水施設できれいにし，機械（ポンプ）で配水・給水する体制（近代水道整備）」と，「雨水，生活雑排水（台所，洗濯，風呂などで発生する排水），し尿を下水管ですばやく都市から排除する体制（下水道整備）」が始まったのは明治以降である．それ以前は，人力で運んだり，石や木でつくられた水道管（石樋・木樋）で上水井戸に導かれた水を利用し，雨水と生活雑排水は側溝に流し，し尿は農地の肥料として利用していた（農地還元）.

江戸末期から明治初期において，都市に人口が集中すると，飲料水の供給源は湧水や渓流水では賄いきれず，周辺の溜水を利用することが増えた．また，生活雑排水の垂れ流し量は増え，さらに，し尿は農地の宅地化により農地還元が困難となり都市部に無秩序に捨てられた．そのため，希釈や自然浄化が間に合わず河川や地下水などの飲料水源は汚染された．この頃，西洋文化（外国人の往来）とともにコレラなどの消化器系伝染病も発生し，年間10万人以上の死者を出した．この非衛生的な状況を打開するため，清廉な水の供給および汚水（し尿と生活雑排水）の都市からの排除が急務となり，整備が始まった.

下水道事業では当初，汚水を処理する事業ではなく，生活雑排水と雨水を地中の下水管を通してそのまま川や海へ流すことであった．し尿は汲み取り収集され農地還元事業（遠隔地の農村へ運搬）や海洋投棄されたが，農村への遠距離輸送に伴う財政上の問題，海洋投棄による衛生上の問題が多発したため，し尿浄化施設である浄化槽や下水道施設の設置事業が始まった．下水処理施設の設置は，東京では1922（大正11）年，名古屋市では1930（昭和5）年である．下水道事業は，下水管の埋設や下水処理施設の建設・維持管理といった事業効率の面から都市部に集中し，人家がまばらな区域では浄化槽や農業集落排水施設が整備・管理された.

2019年度の日本の水道普及率（総人口に対する総給水人口の割合：厚生労働省，令和元年度水道の基本統計）は98.1％であり，汚水処理普及率（総人口に

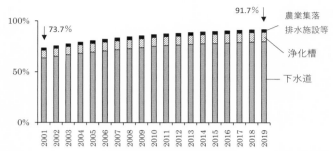

**図 9.3** 汚水処理普及率の推移（環境省「令和 3 年版環境・循環型社会・生物多様性白書」を改変）

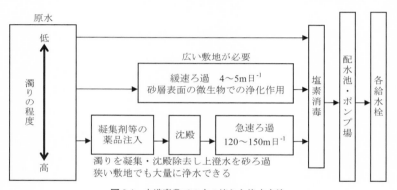

**図 9.4** 水道事業での水の流れと浄水方法

上の矢印から，塩素消毒のみ，緩速ろ過方式，急速ろ過方式．砂層の通過速度は，緩速ろ過：1 日に 4 〜5 m，急速ろ過：1 日に 120〜150 m である．

対する汚水処理を使用できる人口の割合：環境省，令和 3 年版環境・循環型社会・生物多様性白書）は 91.7％に達している（図 9.3）．

### 9.2.2　都市への水供給（上水道）

#### (1) 上水道の水源

　上水道事業では，上水用に取り入れた水を，浄水場へ導水・浄水し，最終的に塩素消毒を行い，各給水場所へ送水する（図 9.4）．水道水源は，年間取水量のうちダム貯水池が 48％とダムに依存しているが，このダムの依存率は 1950 年では 22％であった（公益社団法人日本水道協会ウェブサイト）．都市の発展で工業用水などの地下水使用増加による地盤沈下の問題（7.3 節参照）や人口集

中による水不足の対応として地下水以外の水源を得る必要があり，利水のために多くのダムが建設された（3.4 節参照）．

### (2) 浄水方法

河川などから取水した水（原水）の主な浄化処理法は 3 種類である（図 9.4）．原水が恒常的に良質であれば塩素消毒のみで対応する．緩速ろ過は，比較的良質な水源が得られる場面で用いられ，広大な敷地にある砂層表面の微生物により雑味の少ない水を生成する．都市部にある緩速ろ過として名古屋市鍋屋上野浄水場が有名である．比較的濁りが多く水質が安定しにくい原水に対して，敷地が狭く，大量に水が必要な場面では急速ろ過方式が用いられる．原水に薬品である凝集剤を注入し，できた塊（フロック）を沈降させて水を生成する．

浄水では塩素を注入することで病原菌を滅菌する．この塩素消毒は水道法で義務づけられ，その消毒効果の可視化のため水道水質基準に残留塩素濃度（給水栓での濃度：$0.1 \, \mathrm{mg \, L^{-1}}$ 以上保持）が設定されている．しかし，塩素注入が原因でカルキ臭や原水の有機物（前駆物質）との反応による消毒副生成物が懸念される．消毒副生成物は発がん性などの健康面に影響を与えるため，水道水質基準に 12 種類の消毒副生成物（例えば総トリハロメタン）を追加し監視を強化している．

## 9.2.3 都市からの排水（下水道）

### (1) 都市からの排水方法－合流式下水道と分流式下水道

下水道事業での汚水の流れは，汚水と雨水を同じ管で運ぶ合流式下水道と，別々に運ぶ分流式下水道がある．早期に下水道整備が始まった大都市では，生活雑排水と雨水の速やかな排除を目的としていたため合流式が採用された．その後，下水道事業にし尿処理が加わり，汚水のみを集める分流式が標準となった．合流式下水道は，雨量増加時に汚水の一部が直接公共用水域へ放流されるデメリットが指摘されている．2003 年には下水道法施行令の改正で「合流式下水道の改善」が義務づけられ，汚濁負荷量および，放流回数の削減のため，スクリーンや貯留設備の設置などの改善事業で水環境の悪化を防止している．

### (2) 下水の処理方法（下水処理場）

下水処理場では主に水処理で 5 つ（沈砂池・最初沈殿池・反応タンク・最終

沈殿池・消毒設備），汚泥処理で2つ（汚泥濃縮，汚泥脱水）の設備がある．下
水処理施設の一連の流れを図9.5に示す．

　下水処理場の要である反応タンクは，微生物を含んだ活性汚泥と汚水を接触
させ，空気を供給する．活性汚泥が汚水中の有機物を使い増殖することを利用
し水処理を行う．活性汚泥には粘性物質を体外に生成する微生物（例えばズー
グレア属）が存在し，数百 µm のフロックを形成する．反応タンク混合液は最
終沈殿池で固液分離され，固形物は汚泥処理，一部は活性汚泥に再利用，処理
水は塩素消毒され公共用水域へ放流される．

**(3)　下水放流水の公共用水域への水質や水生生物への影響**

　名古屋市の上水用に取水する河川水，下水，下水処理水の水質を図9.6に示

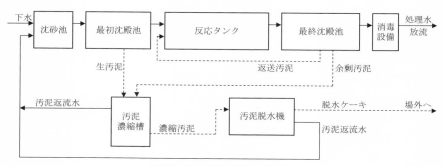

**図 9.5**　下水道処理施設の概要図
実線：汚水・処理水（液体），破線：汚泥（固体）．

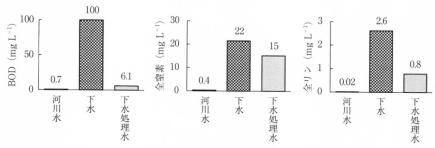

**図 9.6**　河川水，下水（下水処理場流入水），下水処理放流水の水質
河川水は木曽川（名古屋市取水口付近：犬山橋，濃尾大橋，東海大橋地点の2019年の平均．国土交通
省水文水質データベースから作成），下水処理場流入水および放流水質は岩塚浄化センター（処理人口
31.4万人，処理能力20万 m³ 日⁻¹ の2019年値，名古屋市上下水道局（2020）より作成）の水質を示す．

す. 下水処理水は取水された河川水質と比べ各濃度が1桁高く元の水質レベルには戻らない. これは, 河川水による10倍以上の希釈を想定し放流水質値が設定されており, 下水処理水をさらに低濃度にする技術はあるが, 水処理費用と水環境保全との費用対効果のバランスで現在の基準値が定められているためである. しかし, 処理水を多く受け入れる河川では希釈効果が弱くなり富栄養な水域になりやすい. また, 下水処理水を塩素消毒している場合, 下水放流先の水域での水生生物において, 残留塩素との接触により衰弱したり, 汚濁耐性, 塩素耐性をもつ種の出現量が多くなったりする (Fukushima and Kanada, 1999). さらに, 下水処理放流水の水温は15~25℃で安定しており, 冬季では冷たい河川水に温かい下水処理水が入ることで冬季には繁殖しにくい生物相が優占することもある (宮島ほか, 2004).

近年, 食品や医薬品, 化粧品などの暮らしの中で使用するものに含まれる化学物質の種類が年々増加傾向にあり, これらを含む工場排水や下水処理水が公共用水域の水生生物へ悪影響を及ぼすことが懸念されている. 一部の化学物質については環境基準などで設定されているが, すべての化学物質についての規制は困難である. そこで, 環境省は2009年に, 水生生物の保全を図る目的で, 生物応答を用いて化学物質の総体的な影響評価をする排水管理規定 (WET: whole effluent toxicity) を有効な手段として提言し, 検討している.

## 9.3　都市で利用された水の行方

下水道事業には, 雨水・汚水を都市から迅速に除去する「浸水防除」,「公衆衛生の向上」と, 放流先の水域環境悪化を防止する「公共用水域の水質保全」の役割がある. さらに,「低炭素・循環型社会の形成」を担う事業として, 豊橋市などは汚泥のメタン発酵によるメタンガス発電, 岐阜市などは汚泥に多く含有するリンを回収し肥料に活用するなど, 汚泥に資源やエネルギーのポテンシャルが高いことに着目した下水道資源の有効活用を実施している. また, 名古屋駅近くのささしまライブ24地区では, 下水処理水の年間を通して水温差が小さく水量が安定している利点を生かして, 露橋水処理センターの下水処理水の一部を地域冷暖房の熱源, 親水空間での修景用水, 中川運河の水質改善に利用

している（令和元年度国土交通大臣賞〈循環のみち下水道賞〉グランプリ受賞）．都市の不浸透面増加での地下水涵養量低下や取水による都市河川流量の低下に対して，下水処理水の送水にて，「健全な水循環の維持・回復の役割」を担いつつある．さらに，地震災害に備え，下水道災害対応トイレ（マンホール上に設置し直接し尿を流す）の整備が進んでいる．

　大都市に接する閉鎖性水域（東京湾，伊勢湾，瀬戸内海）では，汚濁（COD，窒素，リン）負荷量を計画的に削減する水質総量規制制度が適用されている．下水処理方法では標準活性汚泥法による水処理が多く採用されているが，これは有機物除去を目的にしており窒素やリンの除去は期待できない．そのため，これらを恒常的に除去できる嫌気無酸素好気法や凝集剤添加硝化脱窒法などの高度処理の導入が求められており，増改築や既存施設を活用した段階的高度処理で対応している．2021 年現在，第 8 次総量規制を施行中であり，東京湾，伊勢湾，瀬戸内海ともに赤潮発生頻度は減少または一定で，増加傾向はなく，規制の効果は表れている．

　下水処理場からの放流水は，かつて閉鎖性水域では負の産物として扱われてきたが，今日では豊かな海や地球温暖化対策に資する効果が期待されている．瀬戸内海では，近年の養殖ノリの脱色や漁獲量減少は貧栄養化が原因の 1 つであるとされ（山本，2014），特に窒素負荷量の低下は顕著であった．これを受けて兵庫県の下水処理場では 2008 年から窒素排出量を増加させる運転を実施し，海水の水質への影響評価を行うなど瀬戸内海における栄養塩類の適切な管理に向けた調査および研究を実施している（鈴木ほか，2020）．また，東京湾・伊勢湾・大阪湾では，二酸化炭素吸収量が他の水域と比べて大きいことから，下水処理場からの窒素・リンの放流が藻類の光合成を促し二酸化炭素吸収に寄与しうるとする見解がある（Tokoro *et al.*, 2021）．これらの知見の蓄積をもとに，窒素やリンの規制値緩和も考えられる．今後は，瀬戸内海のような漁獲量減少対策だけでなく，気候変動対策を目的とした対応があるかもしれない．富栄養化の水質悪化を回避しながら，生産性を向上させるという二面的な目標を達成すべく，下水処理場においてはきめ細やかな高度処理管理が求められている．

［宇佐見亜希子・松本嘉孝・田代　喬］

# 10 陸水と災害

## 10.1 災害発生のメカニズム

　自然災害は，噴火・地震・大雨・強風などの自然現象である誘因と素因で説明される（水谷，1985）．誘因が景観，地形，地盤・地質などの自然素因に作用した場合，その脆弱性に応じて様々な危険事象が想定される（図10.1）．危険事象は，人間社会や生物群集に危害を及ぼす影響力として作用するが，この影響力が人間社会の対応を表す社会素因による強靭性を上回ったときに被害が生じる．人間社会ではこの被害を災害と認識するのに対し，生態学では，危険事象，その影響力とそれに対する応答について攪乱として扱うことが多い（2.4.2項，10.3節参照）．人間社会の危険事象に対する社会素因としては，人口分布，住宅配置，水道・電気・ガスなどライフラインや道路・堤防・ダムなどのインフラ施設の整備状況などがある．一方，生物群集の社会素因としては，特定の

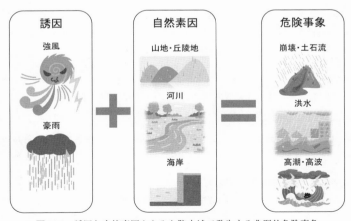

**図 10.1**　誘因と自然素因からみた陸水域で発生する典型的危険事象

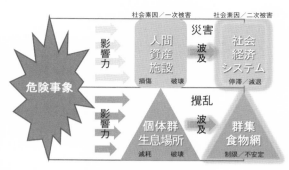

**図10.2** 危険事象が人間社会／生物群集に及ぼす災害・攪乱に関する概念図

分類群の生息場や食物網などを介した他の分野群との関わりなどがあげられる（図10.2）．

人間社会における災害は，発生地域の住民や施設を損傷するだけでなく，周辺の社会・経済システムを介して周辺地域，場合によっては広範囲にその被害を波及・拡大させるが（水谷，1985），生物にとっての攪乱は，地形や景観を改変することを通じて，影響力が作用する分類群（ある種の個体群など）の個体数や生息場所を減耗・破壊し，その生物と関わる他の分類群に伝播し，群集全体にその影響が波及・拡大される．ただし，本来，陸水の生態系は，河川流量など多様な変動様式を備え，多くの生物は攪乱に適応して存続してきたことから，むしろ攪乱は，陸水の生態系の重要な特徴の1つである（2.4.2項参照）．

災害による被害を防いだり，減らしたりする（防災・減災）には，こうした一連の連鎖過程を意識して複合的な対策を講じることが有効である．すなわち，①誘因を起こりにくくし，②危険事象の影響力を小さくするか，③影響力が作用しにくい社会素因を設け，④一次被害を小さく抑えて，⑤生じた一次被害を波及させないといった対策があげられる．河川の氾濫による水害を例にとると，①大雨が降らないように（温暖化対策など），②降った雨からの流出水が河道に過度に集中しないように（国土交通省「流域治水の推進」など），③河道に流出水が集中しても氾濫しないように（堤防整備），④氾濫しても被害が生じないようにしたうえで（氾濫原の土地利用調整），⑤被害が生じてもその影響を最小限にとどめる（避難などのソフト対策，10.2節参照）という対応がとられる．

［田代　喬］

## 10.2 流域内で発生する水災害

アジアモンスーン地域に属し変動帯に位置する日本は，四季が明瞭で降水量が多く，世界の活火山の7%を有するうえ，その周辺ではマグニチュード6.0以上の地震の約20%が起きている．国土の約20%の平野には，国民の約50%が暮らし約75%の資産が集積していることから，流域内で発生する洪水，噴火，地震など危険事象の多くは人間社会に影響を及ぼし，自然災害が生じている．

本節では，陸水に起因して流域内で発生する水災害を対象とし，東海地方の事例を紹介しながら，これらの被害から身を守るための備えについて解説する．

### 10.2.1 集中豪雨による氾濫

日本列島はユーラシア大陸の東端に位置し，南側は太平洋に面しているため，海洋性と大陸性の気団の境界に発生する停滞前線や低気圧の影響を強く受ける．特に，夏から秋には台風が襲来し，多量の降雨をもたらす．年間の平均降水量は1,730 mm に達し，世界平均の970 mm を大きく上回っており，近年は気候変動の影響を受けてまとまって降る大雨の頻度が増加している（1.2 節参照）．

氾濫を防ぐための河川堤防を境界として，人が住む堤内地の水を内水，河川の水を外水と呼ぶ（9章参照）．外水氾濫は，河川の流下能力を上回る洪水が発生した際，堤防が整備されていない箇所からの溢水，整備された堤防からの越水や堤防の決壊（破堤）を契機として生じ，強大な流体力をもつ洪水流が作用することから，地形の改変を伴って家屋を含む構造物が損壊・流失するなど，深刻な被害をもたらすことが多い．一方，都市域では，地下空間の開発など資産や施設を集積した土地利用の高度化により，ひとたび集中豪雨が発生して浸水が生じると，地上・地下の商業施設や住宅が被害を受け，道路・鉄道や電気・水道・ガス・通信など都市機能（インフラ・ライフライン）が長期にわたって途絶する．これがいわゆる都市型水害である．都市の雨水排除能力は時間雨量50 mm 程度（名古屋市では時間雨量63 mm，2021 年9月現在）であり，これを上回る強度の大雨が降った場合には内水氾濫が発生する．局地的な豪雨が増えている昨今（1.2 節参照），都市域は水害に対する脆弱性を抱えている．

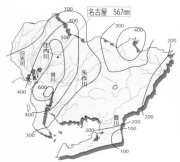

図 10.3　2000 年 9 月 11〜12 日の雨量と河川の配置（名古屋市，2001 を改変）

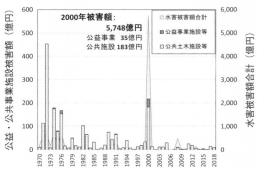

図 10.4　愛知県の水害被害額の推移（国土交通省「水害統計調査」より作成）

　2000 年 9 月の「東海豪雨」は，名古屋市とその周辺地域に，時間雨量約 100 mm，日雨量 400〜500 mm という観測史上最大の集中豪雨をもたらした（図 10.3）．名古屋市では，庄内川の派川である新川水系での 3 カ所の破堤に加え 17 カ所からの越水による外水氾濫が生じ，内水による被害と合わせて市内の 37% が浸水した．図 10.4 には，近年の愛知県で生じた水害被害額を示す．1970 年代の被害は，公共土木施設が中心だったのに対し，東海豪雨のあった 2000 年は，住宅や農地などの一般資産に対する被害額とともにライフライン（公益事業）の被害額が顕著に大きく，都市型水害の特徴を反映している．なお，浸水域に対して死者や全壊戸数が少なかった理由は，強雨域が低地部に偏在したことにより，堤防の設計基準となる計画高水位（コラム 14 参照）を上回りながら，小田川（平成 30 (2018) 年 7 月豪雨）や千曲川（令和元 (2019) 年東日本台風）のような大河川の破堤を免れたところにある（田代，2020）．

### 10.2.2　台風の襲来に伴う高潮

　台風は，熱帯の海上で発生する低気圧のうち，北西太平洋／南シナ海に存在し，最大風速 17 m s$^{-1}$（10 分間平均）以上のものを指す．反時計回りの渦に沿った強風と，中心に向かう上昇気流によって発達した積乱雲を伴うことから風害，水害，高潮害を生じさせるが，ここでは高潮害を解説する．高潮は潮位の異常上昇現象であり，①気圧低下による吸い上げ効果，②強風による吹き寄せ

効果に起因する．①は局所的な気圧の低下により海面が上昇する効果である．気圧が1hPa低下すると約1cm海面が上昇するため，台風の中心気圧を912〜990hPaとすると最大1m程度上昇する．②については風速の2乗に比例し，水深が浅く風上側に開いた細長い湾で増幅され，①よりも影響が大きくなる．高潮時に危険なのは，特に内湾に沿って存在する低平地である．日本で最も広い海抜ゼロメートル地帯を抱える濃尾平野では，1959年に我が国の水害史上，最大被害（津波を除く）となった「伊勢湾台風」が襲来した（7.3節参照）．

伊勢湾台風（国際名：Vera）は，1959年9月26日午後6時頃に和歌山県潮岬付近に上陸し伊勢湾の西側に沿って北上して，27日午前1時頃に日本海に達した．上陸時の中心気圧は929hPa（1951年以降の第2位），暴風域は直径700kmにも及ぶ超大型の台風で，時速65km h$^{-1}$で東海・中部地方を駆け抜けた．接近・上陸時は小潮で満潮とも一致しなかったが，名古屋港では観測史上最高潮位（T.P. 3.89m／N.P. 5.30m，午後9時35分時点）が記録された．伊勢湾奥部で平時より約5mも高くなった高潮は，海岸堤防を越流・破壊しながら河川や運河を遡上し，周辺の貯木場にあった木材（約100万石）の半数近く（約42万石）を伴って市街地に押し寄せた（図10.5）．死者・行方不明者数は5,098名に達し，負傷者数，住家被害数とともに日本の水害史上最悪の被災となった．人口が密集する海抜ゼロメートル地帯に接した伊勢湾奥部で夜間に最高潮位となり，事前に避難できなかったことが被害を大きくした要因である（田代, 2018）．

地球温暖化に伴って台風は強大化すると推定されている．有史以来最強の「室

**図10.5** 伊勢湾台風による被災状況（田代, 2018）
左：名古屋港から市街地を望む，右：山崎川河口付近の木材流出．陸上自衛隊撮影，中部地区自然災害科学資料センター所蔵，国土交通省木曽川下流河川事務所提供．

戸台風」（上陸時中心気圧 912 hPa, 1934 年）が伊勢湾台風と同じ経路で襲来した場合，濃尾平野では広域浸水被害が想定されている（国土交通省「東海ネーデルランド高潮洪水地域協議会」など）．台風襲来による高潮害のリスクは，現在もなお，無視できない大きな問題である．

### 10.2.3　水害から身を守るために

迫りくる水害に対し，被害を最小限にとどめるためには，日頃からの備えと対策が重要になる．市町村が発行する「洪水／水害ハザードマップ」から地域の水害リスクを把握したうえで，市町村が発表する避難情報（警戒レベル 3：高齢者等避難，同レベル 4：避難指示，同レベル 5：緊急安全確保）などに従い，浸水発生前に適切に安全確保する．対応が遅れた場合には，浸水する危険性が低い最寄りの高所への避難も頭に入れておきたい．

昨今，観測網の充実，予報技術の進展により，台風上陸のおよそ 3 日前にその規模と経路がわかるようになり，風水害の危険度も事前に細かく周知されている．2021 年 9 月現在，防災気象情報では，大雨特別警報が警戒レベル 5 相当，土砂災害警戒情報・高潮（特別）警報が同レベル 4 相当，大雨警報（土砂災害）・洪水警報・高潮注意報などが同レベル 3 相当に位置づけられ，土砂災害，浸水害，洪水の危険度分布も発表される（気象庁「防災情報」）．また，気象庁が国や都道府県と共同して行う「指定河川洪水予報」では，氾濫発生／危険／警戒／注意情報（警戒レベル 5 ／ 4 ／ 3 ／ 2 相当）が周知される．地域によっては，警戒レベル 4（相当）以上の情報が「緊急速報メール」または「エリアメール」によって周知される．さらに，高精度な降雨状況，河川の水位や監視カメラ映像についても，リアルタイム情報として様々な媒体で確認できる（国土交通省「川の防災情報」などのポータルサイトが便利）．

過去の災害履歴などで愛着のある郷土の特徴を知り，ハザードマップを調べれば，地域の水害リスクを理解できる．危機が差し迫ったとき，自身や家族の大切な命や財産を守るために行動すべきことを考え，地域や家庭内で話し合っておきたい．なお，時系列的に事前対策を講じる仕組みをタイムラインと呼ぶが，巨大台風の襲来に備え，あらかじめ「マイタイムライン」を作成しておくと役立つ．

[田代　喬]

# 10.3 災害と生物相

本節では，河川上流域の火山災害を例に，災害と生物相との関連について解説する．火山麓を流れる河川の生物相は，災害等の攪乱による影響と回復の結果として存在しており，生物の巧みな生き残り戦術を感じさせる．

## 10.3.1 攪乱としての災害

災害は生物に対する攪乱として認識される．攪乱の特性として継続期間や規模がある．継続時間に関しては，パルス型と呼ばれる一時的な攪乱とプレス型と呼ばれる継続的な攪乱がある．規模については小規模〜大規模という分類だが，一般に大規模な攪乱ほど発生確率が低い傾向にある．したがって，継続時間と規模（攪乱強度）を組み合わせると図 10.6 のような変動様式を示す．流量の変動様式を流況と呼ぶように，攪乱の変動様式を攪乱体制と呼ぶ．

火山活動に関する攪乱として，噴火，降灰，地震などに起因する地すべり・山体崩壊や，火山噴出物の混入等があげられる．それぞれの攪乱が様々な継続期間と規模を有するうえ，その掛け合わせもある．さらに，河川の場合，流下に伴う影響度の減少（火山噴出物の混入に伴う酸性水の支川合流による緩和など）も考慮する必要がある．このように，火山麓地域では，火山活動に由来する多面的かつ多様な攪乱が存在する．

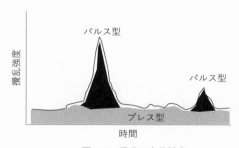

**図 10.6** 攪乱の変動様式

## 10.3.2　攪乱に対する生物の適応

攪乱に対する生物の適応には,「耐える」(耐性) と「避ける」(回避) があり,避けた後に「戻る」(回復) ことによって個体群が存続される.

### (1)　攪乱への耐性

火山活動に関する攪乱に耐える事例として, 酸性下でも生きられる生物種がいる. 恐山のカルデラにある宇曽利山湖 (青森県むつ市) では, pH 3.5 の酸性水にウグイが生息することが知られる. この"恐山ウグイ"は, 鰓の塩類細胞を変化させ, アミノ酸代謝系で生成されるアンモニアと重炭酸イオンを中和剤として活用する, 特殊な酸性適応機構を有することが示されている (広瀬ほか, 2006). 水生昆虫の中にもオナシカワゲラ属, クロカワゲラ属など, 低 pH に耐えられるものが知られている (佐竹, 1980). 火山噴出物の混入に伴う酸性水は長期的に影響を及ぼし続けるため, それにさらされる区間に生息する種は酸性適応機構をもつものが多い.

### (2)　攪乱の回避

山体崩壊などのように, 一時的かつ大規模な攪乱に対しては避けることが有効な手段となる. 発生を予測することが困難な災害への準備は, 生物にとって合理的でなく, 大規模な攪乱に対しては効果がないため, 避けることが最善策の 1 つとなる.

火山付近の上流域では支川や枝沢などが多いため, 水系ネットワークの一部分が避難場所として機能することが期待できる. 洪水攪乱の前後では, 魚類による支川の利用が増加するが (Koizumi *et al.*, 2013), 攪乱を受ける本川から避難できなかった局所個体群が絶滅した場合にも, 災害を免れた支川の局所個体群が残ればメタ個体群レベルでは災害を避けたとみなせる. ただし, 災害後に支川から本川への移動 (再移入) がなければ, 攪乱を受けた場所から生物が消失したままになるため, 攪乱後の再移入が回復プロセスとして重要となる. 近隣の局所個体群からの移入によって長期的な存続が保障されるプロセスをレスキュー効果という (Brown and Kodric-Brown, 1977). 火山麓水系における攪乱 (酸性水, 土砂災害) に対する魚類の応答を調査した Onoda (2016) は, 過去の大規模な土砂災害により絶滅したとされるヤマトイワナ個体群を再確認し (口絵③参照), 壊滅的な影響を受けた本川に対し, 影響の小さかった支川が避

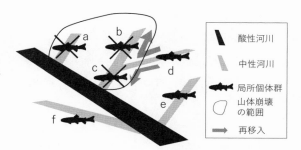

**図 10.7** 火山麓河川系における魚類に対する攪乱の例

局所個体群 a, b, c を絶滅させる壊滅的な被害が生じても，影響範囲外の局所個体群 d から再移入があれば，局所個体群 b, c は回復可能である（レスキュー効果）．

難場所として機能した可能性を示した（図 10.7）．

### 10.3.3 攪乱からの回復

攪乱からの回復過程を保証するのは移動経路の連続性である．火山麓の河川では火山噴出物の混入に伴う酸性化がみられるが，長期的に作用し続けるため，再移入の経路を制限する要因となりうる（図 10.7）．火山活動に伴う攪乱が多面的であることを考慮し，回復プロセスを考察する必要があるだろう．

分類群による移動特性の違いにも注意する必要がある．魚類は水中を通じた移動・分散に限られるが（人為的な放流を除く），水生昆虫の一部は成虫期に空中も移動経路として利用できる．そのため，一部の分類群や種が欠落した生物相が形成され，食物網構造や生物間相互作用なども変化する可能性がある．

[小野田幸生]

## 章末問題（9〜10章）

**問1**　自宅の1カ月の水道使用量，水道料金，下水道料金を調べ，地域の平均や他の地域との比較を行いなさい．続いて自宅の水道の水源，浄水場や下水処理場の位置を調べ，地図で示しなさい．

**問2**　近年，全国各地で集中豪雨や渇水による被害が顕在化しており，安定した水源の確保は非常に重要な課題となっている．そこで，水道水源として利用されている河川（貯水池を含む），湖，地下水を1つ選択し，その水源の課題を2つあげ，解決策を論述しなさい．

**問3**　下水道における高度処理の必要性を説明しなさい．続いて，高度処理の技術的手法に関する以下の①〜④から1つ選び，図を含めて説明しなさい．
①嫌気無酸素好気法，②凝集剤添加硝化脱窒法，③嫌気好気法，④嫌気硝化内生脱窒法

**問4**　自宅のある地域のハザードマップを入手して，災害危険度を確認しなさい．そのうえで，地理院地図（電子国土 Web；https://maps.gsi.go.jp/）を用いて自宅周辺の地形と標高を調べなさい．

**問5**　人工の河川構造物である堰堤やダムは，連続体である河川を分断している．まずこの分断によって引き起こされている河川生態系の改変を2つあげ，それらの仕組みを説明しなさい．次に，この分断を軽減，解消し，河川環境の保全を行うために必要な環境調査項目および評価手法について調べ説明しなさい．

**問6**　地球温暖化に伴う河川環境の変化について，流量，水質，生物の絶滅をとりあげ，それぞれの仕組みを説明しなさい．

# 11 陸水域保全と管理

## 11.1 河 川 法

### 11.1.1 河川法の歴史

　現在の河川法の端緒は1896年に制定された旧河川法に遡る．旧河川法は高水管理（治水）を主目的としたが，昭和時代に入ってから，特に，戦後の社会経済の発展に伴う水力発電，工業用水の需要増大への対応が困難となり，1964年に全面的に見直されて治水と利水を軸とした新しい河川法となった．その後，数度の部分的な改正が行われ，昭和後期から平成にかけての環境に対する国民ニーズの高まりを受けて，1997年に河川管理の目的に環境が追加され治水，利水，環境を柱とする現在の河川法となった（山本・松浦，1996a；1996b）．

### 11.1.2 河川法の概要

#### (1) 河川法における河川

　河川法では河川を「公共の水流及び水面」（法第4条第1項）と定義しているが，この中で，河川法が適用になるのは「一級河川及び二級河川」，「これらの河川に係る河川管理施設」（法第3条第1項）となる．ここで，河川管理施設とは「ダム，堰，水門，堤防，護岸，床止め，樹林帯」である（法第3条第2項）．樹林帯は一見環境に関わる施設と思われるが，河川法上の樹林帯は「堤防又はダム貯水池に沿って設置された国土交通省令で定める帯状の樹林で堤防又はダム貯水池の治水上又は利水上の機能を維持し，又は増進する効用を有するものをいう」で，その機能の中に環境は含まれていない．

　一級，二級河川の区分を簡単に説明すると，前者は，"国土保全上又は国民経済上特に重要な水系（一級水系）で国土交通大臣が指定した河川"（法第4条第1項），後者は"公共の重要な利害に関係ある水系（二級水系）で都道府県知事

が指定した河川”(法第5条第1項)となる．一級，二級河川として指定される
のは，公共の利害に重要な関係があり，大規模な河川工事を要している区間で，
大規模な河川工事が不要な上流域のような区間は法河川の指定を受けない．

### (2) 河川法における河川管理の目的

河川管理では次に示す4つの項目を実現することが河川法第1条に明記され
ている．①「洪水，高潮等による災害発生の防止」，②「河川の適正利用」，③
「流水の正常な機能の維持」，④「河川環境の整備と保全」．

なお，②「河川の適正利用」は，川の空間だけでなく流水に対しても利用の
秩序を保ちつつ，利用の増進を図り，このために必要な調整を行うことが求め
られる．河川は公共用物であり，通常の利用は自由使用が原則となる．しかし，
使用が河川の効用に支障を及ぼす場合，例えば，工作物の新築等や土地の形状
を変更する場合等は，その使用が制限され，申請に基づく許可が必要となる．
③「流水の正常な機能の維持」では，水質を維持・改善するだけでなく，河道
の維持や河口の埋塞防止，既得水利の取水，舟運のための水位の保持，水生動
植物の生存繁殖と，その内容は多岐にわたり，これらの機能が維持されるよう
必要な管理を行うことが求められる．

### (3) 河川整備基本方針と河川整備計画

河川整備基本方針は水系ごとに策定され，河川整備の長期的目標となる．こ
の方針は，①〜④の目的を実現するための方策を示し，一級水系は国土交通大
臣が社会資本整備審議会の，二級水系は都道府県知事が河川審議会の意見を聴
いたうえで（ただし，河川審議会が設置されている場合）作成する．基本方針
の策定には，当該地域の意見を聴取するプロセスが含まれていないが，これは，
治水安全度の水系ごとのバランスを図り，客観的かつ公平に計画を定めるため
である．

一方，河川整備計画は，河川整備基本方針に沿って概ね20〜30年の期間で実
施すべき河川整備の内容を定めるものであり，一級水系の場合は地方整備局長
（国管理区間）もしくは都道府県知事（県管理区間）が，二級河川の場合は都道
府県知事が策定する．また，河川整備計画の策定にあたっては，整備計画の原
案の段階で必要に応じて現地の状況に精通した学識経験者，関係住民，都道府
県知事もしくは市町村長から意見を聴くことが必要となる．つまり，河川整備

計画は河川整備基本方針とは異なり，地先の状況を精確に把握・理解し，地域の意見を聴取しながら具体的な整備内容を決めていくことが求められる．

### 11.1.3 河川法における環境の位置づけ

1997年の河川法の改正によって「河川環境の整備と保全」が河川管理の目的に位置づけられた．しかし，河川環境に関わる河川管理は，本改正の以前から河川法に位置づけられていた「河川の適正利用」，「流水の正常な機能の維持」と一体となって扱われていると考えるべきである．

河川環境を物理的側面から捉えると，構成要素を水の量・質，空間に分けることができる（辻本, 2011）．ここで，水の量については「流水の正常な機能の維持」の視点から利水計画の中で維持流量が設定され，「地下水の維持」，「動植物の保護」，「流水の清潔の保持」が河川環境に関連する機能として勘案されている．また，この中の「流水の清潔の保持」は水の質に関わる機能であり，環境基本法において定められている公共用水域の水質基準を流量確保による希釈効果により達成することが求められる．

空間の整備と保全に対する河川法および関係法令の考え方は複雑な面があるが，その基本は次の2点である．①「河川敷地は公共性・公益性の高い空間であるため排他的な利用は制限されること」，②「洪水，高潮等による災害発生の防止という視点から流水の阻害になる行為が制限されること」にある．このため，人の利用としての空間，生物の生育・生息場所としての空間を保全・整備する場合には，上記2つの観点から整合性が求められる．ここで，人の利用については環境の効用を増大するという観点からの関係法令に一定の進展がみられる．2016年に「河川敷地占用許可準則」が一部改正され，例えば，オープンカフェはバーベキュー等の営業活動を伴う事業者等の占用許可期間を公的主体と同様の期間まで延長することが可能となった．

生物の生育・生息空間については，保全対象となる種，個体群，群集の選定，保全対象種等の生育・生息に必要な空間の量（例，面積）とその配置に関する知見に乏しく，河川整備計画の中に具体的な目標の記述が難しい．このような背景もあり，河川等を適正に管理するため調査，計画，設計および維持管理に関わる技術的事項定めた「河川砂防技術基準（計画編）・（設計編）」や河川の空

間を構成する河川管理施設等の一般的技術的基準を示した「河川管理施設構造令」においても環境に関する具体的な記述は乏しい.

1997 年の河川法改正によって「河川環境の整備と保全」が明確に位置づけられたが, 生物の生育・生息に関しては関係法令・関係する技術基準における記述はいまだ不十分な状況である. 今後, 治水, 利水, 環境の調和をよりいっそう進めるためには, 河川法の整備とともに, これを下支えする基礎的, 応用的研究の充実が必要である.　　　　　　　　　　　　　　　[萱場祐一]

## 11.2　環境基本法・環境基準

### 11.2.1　公害の発生

日本の公害は, 1900 年前後の栃木県の足尾鉱毒事件が原点とされ, 精錬所からの銅化合物により周辺農地の稲が育たなくなる被害が生じた. 第二次世界大戦後は重化学工業などの産業拡大による経済成長が起こり, 水質汚濁が各所で発生した. 1950 年代頃から発生した四大公害病が象徴的であり, 大気汚染が原因となる四日市ぜんそくでも沿岸域の水質汚濁が問題視された.

### 11.2.2　公害への対策

公害問題を受け, 1971 年に水質汚濁防止法の施行や環境庁が設置された. この法律では, 特定施設の工場などから公共用水域への排水基準（有害物質と生活環境項目）を定めている. さらに, 公共用水域には環境基準（健康項目と生活環境項目がある）が設定され, 河川, 湖沼, 内湾それぞれで水質項目や分類が異なる. 2003 年には河川水生生物の保全を目的として全亜鉛項目が追加された. この規制により 1970 年代には大きな水質改善があり, その後下水道施設が整備されることで河川 BOD 濃度は大きく改善傾向に向かった（図 11.1）.

特定の内湾（伊勢湾は該当）には, 特定施設排水中の COD, 全窒素, 全リンの 1 日あたりの排出量を規制する総量削減計画が実施されている. さらに, 国で定めた排水基準（一律基準）よりも厳しい排水基準（上乗せ排水基準）も都道府県で定めている. 図 11.2 は公共用水域の水環境保全に関連する主な法律や基準を示している. 環境基準（目標）はそれぞれの公共用水域に設定されてお

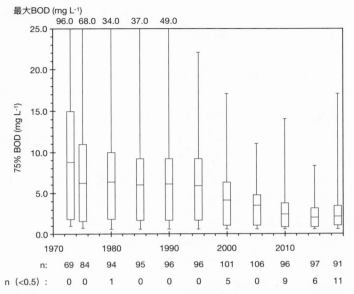

**図 11.1** 愛知県の河川における 75% BOD の経年変化（愛知県環境局「BOD 及び COD の 75% 水質値の経年変化」より）

箱図は上から 75%，50%，25% 値，ひげ上端は最大値，下端は最小値．$n$ は地点数，$n (<0.5)$ は 0.5 $(mg L^{-1})$ 以下の数．$<0.5$ $(mg L^{-1})$ の値は図中に反映されていない．

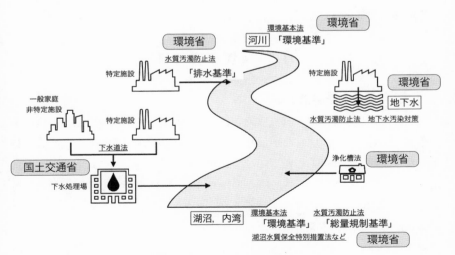

**図 11.2** 公共用水域に関する主な水質関連の法律および基準

り，排水基準（規制）は事業所や施設などに設定されている．これらの法律や基準は，それぞれの水と人間活動の関わり方に応じて各省庁が所管している．

### 11.2.3　地球環境問題への広がり

1980 年代から温暖化やオゾンホールの出現など地球環境問題への意識が高まり，国際会議の開催や国際条約が締結された．日本では，1992 年の国連環境開発会議を受け，「持続可能な発展に基づき，地球全体の環境保全を目指し，人類の福祉に貢献する」ことを目的とした環境基本法が 1993 年に公布された．この法律には公害とともに，環境負荷を与える人間活動の取り決めに関する各種法律が環境法として位置づけられている．その後，IPCC の報告，気候変動に伴う社会生活や生態系への影響に鑑み，日本政府は 2020 年 10 月に，2030 年度に温室効果ガスを 2013 年から 46%削減，2050 年までにカーボンニュートラルの実現を宣言した．今後は，自治体・企業を対象にした脱炭素社会の促進や支援，温室効果ガス排出企業に対する炭素税の導入などが検討されている．

今後，気候変動に対する陸水域の保全と管理を行うために，気候変動が及ぼす影響評価を明確化するための屋外調査・研究の継続，評価手法の検証および開発を進めるとともに，気候変動を緩和する措置の推進と並行し，気候変動予測を踏まえた適応策を検討し実施しなければならない．　　　　［松本嘉孝］

## 11.3　環 境 影 響 評 価

### 11.3.1　環境影響評価とは

高度経済成長を経て日本経済は急成長を遂げたが，社会経済活動は自然環境や生態系に対して「配慮しなかった」り，「将来予測ができなかった」ために発生した環境問題が多くあった．1972 年以降，大規模開発事業に対し国や地方自治体などが条例や指導を行ってきた．1997 年には環境影響評価法が成立し，開発事業が環境に及ぼす影響について事前に調査，予測，評価を行い，環境保全の観点からよりよい事業計画をつくり上げることになった．

環境影響評価（環境アセスメントともいう）は，①計画段階の配慮事項の検討，②事業の選定，③実施方法の検討，決定，④環境アセスメントの実施，⑤

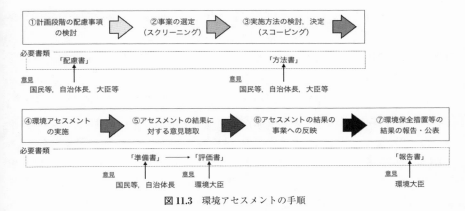

**図 11.3** 環境アセスメントの手順

アセスメント結果に対する意見聴取，⑥アセスメント結果の事業への反映，⑦環境保全措置等の結果の報告・公表からなる（図 11.3）．特徴としては，「事業計画の策定段階から環境影響を検討」，「地域の特性を知っている住民，地方公共団体長や環境大臣から計画段階，調査段階，調査後の報告に対し意見募集」があげられる．環境アセスメントはすべての開発事業に適応されるわけではなく，国が定めた規模の大きな第一種事業は必ず，小規模事業は，②スクリーニングによりアセスメントを行うかどうかを決める．

## 11.3.2 東海地区で環境影響評価が行われた事例

これまで東海地区においても環境アセスメントは実施されており，発電所，廃棄物最終処分場，自動車道路，ダム，下水道終末処理施設，ゴルフ場，中央新幹線，飛行場などが対象となっている．近年は太陽光や陸上・洋上風力発電所施設のアセスメント事例が多くなっていることが特徴である．

豊川上流での設楽ダム建設を例にみると，最初の環境アセスメントが 2003 年より開始され，2007 年に評価書の縦覧が行われた．アセスメントでは，大気，水，生態系，景観など多数の項目について調査・評価がなされ，その評価書に対し環境大臣から，「ダム建設で生息域の消失，一部改変するクマタカとネコギギ（コラム 6，口絵④参照）について，専門家の意見を聞きながら保全措置を講ずる必要性」の意見が出された．設楽ダム工事事務所では，ネコギギの分布調査，生息環境調査，遺伝的多様性調査，移植（別の場所でふ化させた個体を，

ダム建設の影響のない場所に放流し定着させる）に関する実験や調査を実施した．特に移植に関しては，生息適地評価，人工飼育・繁殖，生息環境改善・放流実験の3段階で野外調査を実施しており（藤澤ほか，2017），一希少魚種の対策としては先進的な取り組みが行われている（渡辺・森，2012）．2013年からダム付替道路の工事が開始され，それと並行して環境保全措置に関する事業も進められ，ネコギギについては上記の保全対策が継続して行われている．開発事業には社会的正の側面はあるものの，環境へ負荷を与えることは事実である．事業変更や影響を低減するための科学・工学的知見および対策の集積や，周辺住民との話し合いを含めた社会科学活動を継続的に行うことは大変な労力だが，活動の維持こそ環境影響評価の本質と考える．

### 11.3.3　環境アセスメントに関する情報

　環境アセスメントに関する内容は，環境省が運営する「環境影響評価情報支援ネットワーク」に制度の詳しい説明，事例集，資料などがまとめて記されている．そのウェブサイトでは，具体的に事業に対してどのような調査，予測結果，環境保全対策がなされているかについて調べることができる．  [松本嘉孝]

## 11.4　内水面漁場管理

　湖沼や河川のうちの公有水面を指す内水面は，釣りなどのレクリエーションを通じて自然と触れ合える貴重な空間である．多様な淡水魚介類（水産資源）を対象とした漁業生産の場でもあり，海面・海域と比べて狭小で浅水なために動植物採捕が容易なことから，その保全には適切な管理が必要である（図11.4）．

　内水面において一定の漁場を共同で利用して営む小規模漁業（共同漁業）は，藻類，貝類，または，定着性の水産動物を対象とする場合（第一種共同漁業）を除き，第五種共同漁業に統合されている．「漁業法」では，都道府県知事（以下，知事）が内水面の共同漁業に免許（漁業権）を与える際，当該内水面が水産動植物の増殖に適していることを確認したうえで，それらの増殖を求めている（漁業法第127条）．つまり，第五種共同漁業権を受けた主体（漁業権者．多くは内水面漁業協同組合（以下，漁協））は，漁業権対象魚種の種苗放流や漁場

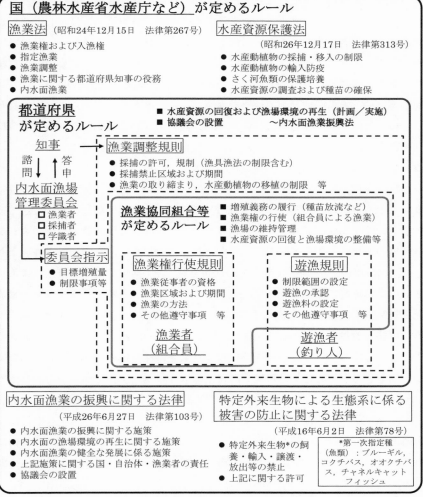

**図 11.4**　内水面の漁業・遊漁に関わる各主体と関連法令などの関係（環境省；水産庁；FF こみゅ，2017 などより作成）

の管理などを通じて水産動植物を増殖する義務を負っている．「水産資源保護法」では，漁法を制限するとともに採捕の規制区域の設定によって水産資源の保護培養を図ることが担保されている．さらに，「特定外来生物による生態系に係る被害の防止に関する法律」や「内水面漁業の振興に関する法律」によって，

外来生物や内水面漁業振興に関する課題についての法律も整えられつつある.

　各都道府県は国が整備する法律を踏まえ「漁業調整規則」を策定し，知事が漁業者，採捕者を代表する者と学識経験者から選任して"当該都道府県の区域内に存する内水面における水産動植物の採捕および増殖に関する事項を処理する"(漁業法第130条第3項)ための「内水面漁場管理委員会」を組織している.同委員会は，漁場管理計画の樹立や漁業権免許に際して知事からの諮問に対して答申を行い，内水面漁業協同組合から遊漁規則等の許可申請があった場合に知事に意見を申し立てるほか，漁協に対し目標増殖量や制限事項等を示す「委員会指示」により，内水面の漁業秩序を維持する役割を担っている.

　中村 (2017) は，1981年度に最多の62万人を示した漁協組合員数が2040年度には11万人にまで減少するとの推定結果を示し，漁協の解散によって各地の"漁業権漁場"から"自由漁場"へ移行した場合，漁場管理体制の破綻による水域環境の悪化に対する警鐘を鳴らした.石川 (2014) は内水面漁場の課題として，「内水面漁業の多面的機能発揮の取組強化」や「河川の適切な整備による魚類等の生息環境の改善」をあげ，2013年度から予算化された「水産多面的機能発揮対策事業」，漁協の申出により知事が河川管理者，学識経験者などで構成する「協議会設置」(内水面漁業振興法第35条)への期待を示した.内水面資源管理に関して，アメリカ合衆国では釣り具販売に伴う税収を原資とし，州機関が生物学者を雇用して生息環境を改善する取り組みが主体である一方，日本では漁協による種苗放流と採捕の際の相互監視に依拠している (Rahel and Tani-guchi, 2019).持続的な陸水域保全に向けて，戦後から運用されてきた漁協による漁場・資源管理体制を維持していくのか，アメリカ合衆国などの諸外国にならって新たな体制を構築していくのか，現在はその分岐点にさしかかっているといえる.

[田代　喬]

## 11.5　市民参加型保全活動

　河川に対する川と人の関わり方は多様である.河川と人との関わりは時代が求める社会の需要とともに変化を遂げてきた.市民の河川との関わりの中でも河川において，公益的な活動をする団体は「河川市民団体」と呼ばれている.

**図 11.5** 河川管理主体の変遷

## 11.5.1 河川における市民活動の変遷

　河川と人との関わりを河川管理の主体に着目してみた場合，戦前までは自治組織中心の河川管理，戦後は行政中心の河川管理，1990年代以降は行政と市民の連携による河川管理へと変化してきている（図11.5）．

　河川において行政と市民が連携する河川管理へ変化してきているが，1990年代から環境保全への世間的関心の高まりによる市民活動の増加，1997（平成9）年の河川法改正の際に，「河川整備計画策定時に関係住民の意見聴取」（第16条2項）が明記されたことなどが契機として大きい．また，もう1つの理由として，近年の河川管理はインフラへの投資の需要が縮小傾向にあり，河川行政に課せられる制約（予算・人員面）は大きく，河川管理の質を確保するためには地域との協働が不可欠となってきている．そのため，河川管理者と市民が連携することで質の高い河川管理を目指していくことが期待されている．

## 11.5.2 市民団体の組織の特徴

　市民団体の特徴として，①自発的，②公益目的，③非営利，④非政府などがあげられる．また，市民団体の組織形態にも様々なかたちがあり，図11.6のように，①行動方法，②活動範囲，③活動形態，④組織形態などから分類できる．例えば，矢作川水系で活動する「矢作川流域圏懇談会」は「特定の地域で活動する団体，広域型，地域連携活動型，協議会型」となる．また，市民団体の活動を活動種類別に分類すると，①水環境保全，②調査，③河川施設運営，④河

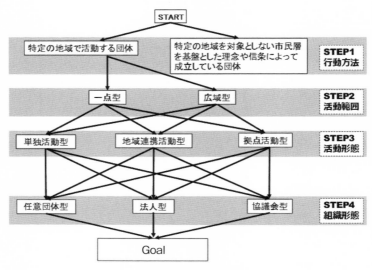

**図 11.6**　河川市民団体の組織構造分類

川体験活動，⑤啓発活動，⑥まちづくり，⑦交流活動，⑧会議と分類され，河川に直接はたらきかけるものと，人にはたらきかけるものと大別できる．分野別に活動をみると，水環境保全を行う活動の割合が最も大きく，次いで河川施設運営，河川体験活動となっている（表 11.1）．

### 11.5.3　川づくりへの市民団体の貢献

　日本河川協会によると，国内に河川で活動する市民団体は 3,500 団体程度存在しており，中部地方は 350 団体程度存在している．これらの団体が行う活動の量（活動人数×活動時間）が全国でどの程度あるか試算すると，国民一人あたり年 2 時間程度である（Sakamoto *et al*, 2018）．これらの市民活動は，様々なかたちで各地の川づくりに貢献している．例えば多自然川づくりへの市民の貢献を例にとった場合，①川づくり計画に広く住民参加を促す活動，②市民による川の営力を引き出す活動（市民工事），③川の利用を推進し，魅力を引き出す活動，④川のモニタリングに関する活動，⑤川の維持管理を行う活動などがみられる．天竜川水系で活動する NPO 法人天竜川ゆめ会議（2006 年発足）は，「天竜川みらい計画」の実現に向け，河川に繁茂する外来植物の駆除活動，子ど

**表 11.1** 活動種類別活動量の内訳（坂本，2020）

| Category | No | Category of activities | Rate (%) | Example |
|---|---|---|---|---|
| A<br>河川の物理環境にはたらきかけるもの | ① | 水環境保全 | 36% | 清掃活動，水環境保全，ヨシ植え，稚魚放流 |
| | ② | 調査 | 1% | 水生生物調査，野外調査，水質調査 |
| B<br>人間にはたらきかけるもの | ③ | 河川施設運営 | 20% | 河川学習館の施設運営，船通しの対応など |
| | ④ | 河川体験活動 | 14% | カヌー体験，水辺の安全教室，釣り大会，リバーツーリズムなど |
| | ⑤ | 啓発 | 10% | 講演，座学，コンクール，新聞づくりなど |
| | ⑥ | まちづくり | 7% | 祭り，コンサート，花壇整備，河川以外での体験活動など |
| | ⑦ | 交流 | 7% | 川のワークショップ，流域内交流，上下流交流，他団体行事への参加 |
| | ⑧ | 会議・団体運営 | 5% | 総会，定例会，役員会，書類づくりなど |

**図 11.7** 市民による外来植物の駆除活動（写真提供：NPO 法人天竜川ゆめ会議）

もたちへの河川環境教育，シンポジウムの開催，上下流交流などに取り組んでいる団体である（図 11.7）．行政だけでは行き届かない部分を補完することにより，河川管理の質的向上に資している．

このような自主的な市民による活動を行政の河川管理と連携していく方策として，アダプト制度や河川協力団体制度がある．制度の仕組みとしては，行政が管轄している河川の区間周辺で活動している団体に制度登録してもらい，河川の維持管理（清掃，除草，点検など）や啓発など行政が行う河川管理の一部

を協力してもらうものである．行政側は，活動に必要な物品・保険代などの支給，河川利用許可の簡素化，業務委託の実施など市民団体側にも利点となるものを提供し，両者にとってメリットのあることも模索しており，今後どのような部分で連携が可能か各地で検討されることが期待される．　　　[坂本貴啓]

---

●コラム 13　持続可能な遊漁資源管理に向けて

　世界の潮流として，遊漁資源（魚の個体数）の減少に対する懸念から養殖魚放流を行う時代はすでに終わりを告げている．放流はもはや特効薬ではなく，逆に在来個体群を蝕むことすらあるため，生息環境の改善や遊漁規則の工夫が効果的である．日本では，第二次世界大戦後まもなくつくられた古い法律（漁業法）が今も漁協に増殖（放流）を義務づけており放流が常識とされてきた．しかし，イワナやヤマメを含む渓流魚を対象とする釣り人の多くはヒレが曲がったり切れた養殖魚ではなく形態の美しい野生魚を求めている．しかも数よりも大きさを求める傾向が強い．そのためには魚の自然繁殖と成長を可能にする生息場所改善と釣獲数等制限による資源の持続可能な管理がきわめて重要となる．ところが，使われなくなった堰堤をなくすことは難しく（現行法で漁協にはその権限がない），河畔林は荒れ（人工林），釣り券さえ買えば釣獲数制限がないことにはいつも驚かされる．遊漁規則は漁場管理委員会によって承認されている．

　日本の河川で資源量や生息場所の状態が調査されることはきわめて稀である．川に何尾のイワナやヤマメがいるのか推定されていないし，自然繁殖の程度もわからない．釣りの管理はしていても，漁場の「管理」は実はない．結果，養殖魚を放流するだけの「釣り堀」と化した川に魅力を感じない釣り人が増えている．国内の遊漁者数はピーク時の 1,300 万人から 270 万人に，漁協の組合員数も 62 万人から 31 万に減っている．釣り場が魅力的に映らないことが根底にあると同時に，後者はとりわけ内水面の主要な管理者の役割維持が困難になりつつあることを意味する．いったい地域の水産課や漁場管理委員会などはこのような問題を今後どうするつもりなのだろう．

　漁協では専門家を雇うことはできないため，そもそも遊漁資源管理には無理がある．一方で地域の共有財産を守る理念が重視できることや小さな空間規模での意思決定が可能であることは利点となる．漁協への批判は簡単だが，漁協を中心に本当の意味での管理を始めないと早晩渓流域での釣りは成り立たなくなる．渓流環境の保全は源流域の森林の保全と一体であるため，水系全体の保全につながることも指摘しておきたい．　　　　　　　　　　　　　　　　　　　　　　　　　　[谷口義則]

## ●コラム 14　河川計画

　河川は最も身近な自然であり，そこを流れる水は人にとって不可欠な資源である．よって，人は古くより河川からの恵みを得るための利水，あるいは河川からの災いを防ぐための治水を行ってきた．このような，人が河川へとはたらきかける企てのことを河川計画と呼び，利水のための計画は利水計画（低水計画），治水のための計画は治水計画（高水計画）と呼ばれる．

　日本で近代的な河川計画が始まったのは明治期初頭である．当初，河川計画は舟運路の確保や灌漑用水の安定を目的とした低水計画が中心であったが，その後，工業化に伴い氾濫原内の土地利用が高度化し資産が増大することで洪水被害が顕著になってきたことから，1896（明治 29）年に日本で最初の河川法が制定されたことを皮切りに，河川計画は高水計画へと舵がとられた．高水計画中心の河川計画は第二次世界大戦後まで続いたが，高度経済成長に伴う都市化，人口増加などを背景に大都市では水不足あるいは地下水の過剰揚水による地盤沈下といった都市問題が顕在化するようになり，利水が再び河川計画における主題となった．1964（昭和 39）年の河川法改正では，それまで治水計画が中心だった河川計画の中に利水計画が位置づけられた．あわせて，ダム貯水池の建設技術の台頭もあり，治水と利水，そして河川全体を総合的に計画する水系一貫での河川計画が立案されるようになった．

　高度成長期を経て，環境問題への国際的な関心の高まりとともに，河川環境の保全あるいは再生が河川整備における重要な課題となった．これを受けて，1997（平成 9）年には河川法が再び改正され，それまでの治水，利水にあわせて，河川環境が河川計画における 3 つ目の柱として位置づけられた．現在，水系ごとに策定されている河川整備基本方針あるいは河川整備計画では，治水，利水，河川環境それぞれについての整備方針や計画が定められている．　　　　　　　　　　　　　　　[中村晋一郎]

## ●コラム 15　市民活動・交流関係

　陸水域は河川流域や湖沼や内湾単位で地理的にまとまっていることが多く，漁業などの生業，地域行事，観光娯楽，子どもの遊び場として地域に親しまれ，地域住民の関心も高かった．しかし，専業の川漁師が少なくなった現代では，東海地区でも長良川河口堰運動のように必ずしも住民でない一般市民が加わる活動も多くなった．その対象は川であったり，干潟であったり，生き物であったりする．活動も，公共工事への対峙，環境保全，観察会や公募ボランティアによる作業イベントなど多岐にわたる．

　東海地方の団体のつながりを支えてきたものに，佐藤仁志氏が運営する「環伊勢湾・山川里海・原体験 想いと智慧の交感ひろば」がある．筆者もこのコミュニティの

おかげで多くのイベントやキーマンに出会うことができ感謝している．環境系市民活動に触れてきて思ったことがある．団体メンバーは非常にエネルギッシュで熱い．また，活動団体間の連携も想像以上に密である．一方，その活動に無縁であった市民を新たに巻き込むことに成功している団体はそう多くないように見受ける．

　筆者は浜松市西部在住で佐鳴湖周辺で活動しているが，活動参加者はほぼ毎回同じ顔ぶれで，やはり人は熱いが活動の拡大は難しい．そこで 2021 年は市民サイドから精力的に連携を進め始めた．行政に対するスタンスも再考した．意見は言うが詰め寄らず追い込まず，市民側がまず動いて否応なしに市民協働を迫ろうと思っている．若年層へのアピールはやはり難しい．そこで，昆虫食倶楽部では「とって食べる」イベントを展開している．対象は昆虫限定でなく，楽しいこと，美味しいことも重視．足元の地域生態系を舞台に“生態系 → 採取行動 → 調理と試食”のセット活動を通して自然に触れ，ヒトとしての自己再認識も目的の１つ．ファミリーを中心に毎回満員御礼で，少数ながらボランティア活動参加者も出てきた．そして新たに「ガチ！　生物多様性塾」を開講．中高生対象の「生物多様性」を考える有料登録講座である．幸い塾生も集まり順調にスケジュールが進んでいるが，活動の世代交代につなげられるか．このように浜松でも，おじさんおばさんたち市民は，嬉々として連携形成と市民活動に精を出している．コロナ禍後の活動本格再開に向けて用心深く虎視淡々と．

［戸田三津夫］

# 文　　献

愛知県：あいちの環境．https://www.pref.aichi.jp/soshiki/mizutaiki/0000063715.html（2021
　　年7月16日閲覧）

愛知県環境調査センター（2020）：愛知県の絶滅のおそれのある野生生物 レッドデータブッ
　　クあいち2020─動物編，愛知県環境局環境製作部自然環境課．

愛知県環境局：愛知県の河川，湖沼，海域，地下水などの状況．公共用水域（河川，湖沼，
　　海域）及び地下水の水質調査結果等．統計値の経年変化．https://www.pref.aichi.jp/
　　uploaded/attachment/350573.xls（2021年8月10日閲覧）

愛知県西三河農林水産事務所（2020）矢作川利水総合管理年報2020年，愛知県．

青山裕晃（2020）：矢作川・豊川中流域の栄養塩濃度の低下．愛知水試研報，**25**：22-24.

新井　正（2009）：気候変動と陸水の温度および氷況の変化．陸水学雑誌，**70**：99-116.

Asiloglu, R. and Murase, J.(2016)：Active community structure of microeukaryotes in a
　　rice(*Oryza sativa* L.) rhizosphere revealed by RNA-based PCR-DGGE. *Soil Science
　　and Plant Nutrition*, **62**：440-446.

Brown, J. H. and Kodric-Brown, A.(1977)：Turnover rates in insular biogeography：effect
　　of immigration on extinction. *Ecology*, **58**：445-449.

Charpy-Roubaud, C. and Sournia, A.(1990)：The comparative estimation of
　　phytoplanktonic, microphytobenthic and macrophytobenthic primary production in
　　the oceans. *Marine Microbial Food Webs*, **4**：31-57.

Clair, T. A. and Hindar, A.(2005)：Liming for the mitigation of acid rain effects in
　　freshwaters：A review of recent results. *Environmental Reviews*, **13**：91-128.

Connell, J. H.(1978)：Diversity in tropical rain forests and coral reefs. *Science*, **199**：1302-
　　1310.

大東憲二（2015）：濃尾平野の地盤沈下対策と地下水管理の現状．地下水学会誌，**57**：9-17.

海老瀬潜一・川村裕紀（2017）：淀川本川のスーパー出水を含めた出水時水質と負荷量の年間
　　総負荷量への影響評価．水環境学会誌，**40**(2)：39-49.

遠藤辰典ほか（2006）：河川工作物がイワナとアマゴの個体群存続におよぼす影響．保全生態
　　学研究，**11**：4-12.

FFこみゅ（2017）：釣りのルールと法令．https://ffcomm.org/rule/index.html#（2021年7
　　月28日閲覧）

Forbes, S. A.(1887)：The lake as a microcosm. *Bulletin of the Scientific Association of
　　Peoria, Illinois*, 77-87.

Frissell, C. A., *et al.*(1986)：A hierarchical framework for stream habitat classification：
　　viewing streams in a watershed context. *Environmental Management*, **10**：199-214.

藤永　薫編（2017）：陸水環境化学，共立出版．

藤澤貴弘ほか（2017）：豊川水系におけるネコギギ保全に向けた取り組み．水源池環境技術研

究所所報, 50-54.

福井　聡ほか（2011）：兵庫県丸山湿原における湧水湿地の保全を目的とした植生管理による湿原面積と種多様性の変化. ランドスケープ研究, **74**：487-490.

Fukushima, S. and Kanada, S.(1999)：Effect of chlorine on periphytic algae and macroinvertebrates in a stream receiving treated sewage as maintenance water. *Japanese Journal of Limnology*, **60**：569-583.

岐阜県：岐阜県公共用水域の水質調査結果個表（令和元年度）. https://www.pref.gifu.lg.jp/page/8397.html（2021 年 7 月 16 日閲覧）

後藤直成（2002）：干潟底生系および浮遊系における一次生産とそれに関わる微小藻類—細菌相互間の関係. 陸水学雑誌, **63**：233-239.

Goto, N., *et al.*(2000)：Seasonal variation in primary production of microphytobenthos at the Isshiki intertidal flat in Mikawa Bay. *Limnology*, **1**：133-138.

Grennfelt, P., *et al.*(2020)：Acid rain and air pollution：50 years of progress in environmental science and policy. *Ambio*, **49**：849-864.

Gunawardhana, L. N. and Kazama, S.(2012)：Statistical and numerical analyses of the influence of climate variability on aquifer water levels and groundwater temperatures：The impacts of climate change on aquifer thermal regimes. *Global and Planetary Change*, **86-87**：66-78.

Gurung, A., *et al.*(2019)：River metabolism along a latitudinal gradient across Japan and in a global scale. *Scientific Reports*, **9**：4932.

原田守啓ほか（2019）：1.2　河川地形と水や土砂の流れ—時空間的整理と計測. 河川生態系の調査・分析方法（井上幹生・中村太士編）, 講談社, pp.33-75.

原島　省（2008）：海洋生態系におけるケイ藻とシリカの役割. 環境バイオテクノロジー, **8**：9-16.

早瀬善正・木村昭一（2020）：佐久島（三河湾）の潮間帯貝類相. ちりぼたん, **50**(1)：33-79.

Hewlett, J. D. and Hibbert, A. R.(1967)：Factors affecting the response of small watersheds to precipitation in humid areas. In：*Proceedings of the International Symposium on Forest Hydrology*（Sopper, W. E. and Lull, H. W.(eds.)）, Pergamon, pp.275-290.

日鷹一雅（1998）：水田における生物多様性とその修復. 水辺環境の保全—生物群集の視点から（江崎保男・田中哲夫編著）, 朝倉書店, pp.125-151.

広瀬茂久ほか（2006）：酸性湖とアルカリ湖にすむ魚の適応戦略. 極限環境微生物学会誌, **5**：69-73.

久田重太ほか（2011）：落葉広葉樹林流域と常緑針葉樹林における水収支特性の比較. 農業農村工学会論文集, **271**：1-7.

堀　義宏・佐藤正孝（1984）：半翅類. 愛知文化シリーズ 3　愛知の動物（佐藤正孝・安藤　尚代表著者）, 愛知県郷土資料刊行会, pp.99-107.

星野高徳（2018）：戦前期名古屋市における屎尿処理市営化—屎尿流注所を通じた下水処理化の推進と農村還元処分の存続. 社会経済史学, **84**(1)：45-69.

Hutchinson G. E. and Loffler H.(1956)：The thermal classification of lakes. *Proceedings of the National Academy of Sciences USA*, **42**(2)：84-86.

市川正巳編（1990）：総観地理学講座 8　水文学，朝倉書店.

今井勝美（1997）：矢作川の水収支の概要．矢作川研究，**1**：45-58.

五百川　裕（2016）ミズナラ．改訂新版 日本の野生植物 3（大橋広好・門田裕一・木原　浩・邑田　仁・米倉浩司編），平凡社，p.96.

IPCC（気象庁訳）（2013）：IPCC 第 5 次評価報告書の概要—第 1 作業部会（自然科学的根拠）概要.

IPCC（気象庁訳）（2014）：IPCC 第 5 次評価報告書の概要 統合報告書 政策決定者向け要約.

一般社団法人ダム工学会近畿・中部ワーキンググループ（2019）：ダムの科学 改訂版，サイエンス・アイ新書.

石川武彦（2014）：内水面漁場の現状と課題—内水面漁業振興法制定とウナギの資源保護・管理をめぐって．立法と調査，**357**：72-86.

Junk, W. J., *et al.*(1989)：The flood pulse concept in river flood plain systems. *Canadian Special Publications of Fisheries and Aquatic Sciences*, **106**：110-127.

各務原地下水研究会監修，小瀬洋喜，横山卓雄編（1994）：よみがえる地下水—各務原市の闘い，京都自然史研究所.

香川尚徳（1999）：河川連続体で不連続の原因となるダム貯水による水質変化．応用生態工学，**2**：141-151.

鎌田泰斗ほか（2020）：水稲用殺虫剤が水田棲カエル類の初期発生におよぼす影響．保全生態学研究．https://doi.org/10.18960/hozen.2016

環境省：日本の外来種対策．https://www.env.go.jp/nature/intro/index.html（2021 年 7 月 28 日閲覧）

環境省（2019）：越境大気汚染・酸性雨長期モニタリング報告書（平成 25〜29 年度）.

環境省水・大気環境局（2020）：令和元年度公共用水域水質測定結果．http://www.env.go.jp/water/suiiki/r1/r1-1_r2.pdf（2021 年 9 月 15 日閲覧）

河川管理施設等構造令：e-GOV 法令検索．https://elaws.e-gov.go.jp/document?law_unique_id＝351CO0000000199_20150801_000000000000000（2021 年 8 月 10 日閲覧）

河川生態学術研究会：川の自然環境の解明に向けて—河川生態学術研究の概要．http://www.rfc.or.jp/seitai/seitai.html（2021 年 9 月 17 日閲覧）

柏尾　翔ほか（2021）：愛知県南知多町の潮間帯に生息するウミウシ類 I（裸鰓目）．なごやの生物多様性，**8**：1-22.

川瀬基弘ほか（2009）：干潟に生息する二枚貝類の炭素・窒素除去．第 8 回海環境と生物および沿岸環境修復技術に関するシンポジウム発表論文集，67-72.

萱場祐一（2005）：溶存酸素濃度の連続観測を用いた実験河川における再曝気係数，一次生産速度及び呼吸速度の推定．陸水学雑誌，**66**：93-105.

風早康平・安原正也（1994）：湧水の水素同位体比からみた八ヶ岳の地下水の涵養・流動過程．ハイドロロジー（日本水文科学会誌），**24**(2)：107-119.

建設省河川局（1988）：発電水利権の期間更新時における河川維持流量の確保について．建設省河政発第 63 号，建設省河開発第 80 号.

菊池泰二（2000）：干潟は，いま—総論．海洋と生物，**129**：300-307.

木村眞人・南條正巳編（2018）：土壌サイエンス入門 第2版，文永堂出版.

Kishi, D. and Maekawa, K.(2009)：Stream-dwelling Dolly Varden（*Salvelinus malma*）density and habitat characteristics in stream sections installed with low-head dams in the Shiretoko Peninsula, Hokkaido, Japan. *Ecological Research*, **24**：873-880.

気象庁：過去の気象データ検索. https://www.data.jma.go.jp/obd/stats/etrn/index.php（2022年1月1日閲覧）

気象庁：防災情報. https://www.jma.go.jp/jma/menu/menuflash.html/（2021年12月12日閲覧）

気象庁：温室効果ガス. https://ds.data.jma.go.jp/ghg/info_ghg.html（2022年1月1日閲覧）

気象庁（2021）：気候変動監視レポート.

北村友一・南山瑞彦（2012）：霞ヶ浦流入河川の溶存態窒素，リン，有機炭素濃度と集水域の土地利用の関係. 土木技術資料, **54**(9)：34-37.

Koizumi, I., *et al.*(2013)：The fishermen were right：experimental evidence for tributary refuge hypothesis during floods. *Zoological Science*, **30**：375-379.

国土地理院：地理院タイル（電子地形図）. http://maps.gsi.go.jp

国土地理院：山から海へ川がつくる地形，地理教育の道具箱. https://www.gsi.go.jp/CHIRIKYOUIKU/kawa_0-1.html（2021年6月26日閲覧）

国土交通省：川の防災情報. https://www.river.go.jp/index（2021年12月12日閲覧）

国土交通省：水文水質データベース. http://www1.river.go.jp/（2021年7月16日閲覧）

国土交通省：Vol.6 カワボウをカイボウする，カワナビ. https://www.mlit.go.jp/river/kawanavi/observe/vol6_3.html（2021年8月10日閲覧）

国土交通省（2003）：河川環境改善のための水利調整—取水による水無川の改善，平成13年度～平成14年度プログラム評価書. https://www.mlit.go.jp/common/000043146.pdf（2021年9月17日閲覧）

国土交通省中部地方整備局：東海ネーデルランド高潮・洪水地域協議会. https://www.cbr.mlit.go.jp/kawatomizu/tokai_nederland/（2021年9月17日閲覧）

国土交通省水管理・国土保全局：流域治水の推進—これからは流域のみんなで. https://www.mlit.go.jp/river/kasen/suisin/index.html（2021年9月17日閲覧）

国土交通省水管理・国土保全局：水害統計調査. https://www.e-stat.go.jp/stat-search/files?page=1&toukei=00600590&result_page=1（2021年9月17日閲覧）

国土交通省水管理・国土保全局水情報国土データ管理センター：河川環境データベース（河川水辺の国勢調査）. http://www.nilim.go.jp/lab/fbg/ksnkankyo/index.html（2021年9月17日閲覧）

国立環境研究所：温室効果ガスインベントリ. https://www.nies.go.jp/gio/aboutghg/index.html（2022年1月1日閲覧）

国際大ダム会議：ダムと世界の水. http://jcold.or.jp/cm/wp-content/uploads/asset/j/icoldactivities/pdf/（H）Dams%20and%20World%20Water.pdf（2021年8月10日閲覧）

公益社団法人日本水道協会：水道資料室：日本の水道の現状. 2. 水道水源の状況. http://www.jwwa.or.jp/shiryou/water/water.html（2021年7月1日閲覧）

公益社団法人農業農村工学会（2019）：改訂6版 農業農村工学標準用語事典.

Kume, M., *et al.*(2014)：Winter fish community structures across floodplain backwaters in a drought year. *Limnology*, **15**：109-115.

久野良治・村上哲生（2018）：東海三県に分布する「名水」は飲料水として適格か？　陸の水，**75**：21-27.

Lake, P. S.(1990)：Disturbing hard and soft bottom communities a comparison of marine and freshwater environments. *Australian Journal of Ecology*, **15**：477-488.

Lee, M. H., *et al.*(2016)：Variability in runoff fluxes of dissolved and particulate carbon and nitrogen from two watersheds of different tree species during intense storm events. *Biogeosciences*, **13**：5421-5432.

ライケンス, G. E.・ボーマン, F. H. 著，及川武久監訳，伊藤昭彦訳（1997）：森林生態系の生物地球化学（原著第 2 版），シュプリンガー・ジャパン．

政野淳子（2013）：四大公害病―水俣病，新潟水俣病，イタイイタイ病，四日市公害，中公新書．

松本嘉孝ほか（2019）：豊田市逢妻女川の水質に工場排水および農地排水が及ぼす影響の検討．矢作川研究，**23**：1-12.

松梨史郎・今村正裕（2000）：閉鎖性海域の富栄養化の可能性と許容される窒素・リンの負荷量に関する研究．土木学会論文集，**664**（VII-17）：11-20.

Menz, F. C. and Seip, H. M.(2004)：Acid rain in Europe and the United States：An update. *Environmental Science and Policy*, **7**：253-265.

南　基泰（2020）：第三章 洞の生物多様性―地域固有の遺伝的特性保全の観点から．洞学―洞の自然と人との関わり（村上哲生・南　基泰著），風媒社，pp.31-54.

南澤　究ほか編著（2021）：エッセンシャル土壌微生物学 作物生産のための基礎，講談社．

宮島　潔ほか（2004）：水質からみた河川環境の評価―下水処理水放流後の水質環境と水生生物．土木技術資料，**46**(5)：44-49.

宮﨑智博・谷口義則（2009）：都市近郊農業排水路におけるカダヤシとメダカの個体群密度と微生息環境．野生生物保護，**12**：13-20.

溝口裕太（2017）：河川水系を一貫した物理場・物質循環・生態系統合解析モデルの開発，名古屋大学学位論文．

水谷武司（1985）：これだけは知っておきたい水害対策 100 のポイント，鹿島出版会．

門谷　茂（2014）：9 章 海底に棲む基礎生産者―底生微細藻類．詳論沿岸海洋学（日本海洋学会沿岸海洋研究会編），恒星社厚生閣，pp.160-170.

Montgomery, D. and Buffington, J.(1997)：Channel-reach morphology in mountain drainage basins. *Geological Society of America Bulletin*, **109**：596-611.

森　和紀・佐藤芳徳（2015）：図説 日本の湖，朝倉書店．

森　誠一（1999）ダム構造物と魚類の生活．応用生態工学，**2**：165-177.

村瀬　潤（2015）：6-6 土壌酸化還元境界の微生物ダイナミズム．土のひみつ―食料・環境・生命（日本土壌肥料学会「土のひみつ」編集グループ編），朝倉書店，pp.170-171.

村瀬　潤（2018）：第 10 章 水田微生物の特徴と生産性とのかかわり．実践土壌学シリーズ 1 土壌微生物学（豊田剛己編），朝倉書店，pp.110-128.

室田　明（2000）：河川工学，技報堂出版．

長坂晶子ほか（2015）：北海道中央部の小流域における溶存有機炭素・無機態窒素の流出特性 —高齢級トドマツ人工林・天然生落葉広葉樹林の比較より．北海道林業試験場研究報告， **52**：11-22.

永山滋也（2019）：氾濫原の定義と生態的機能．河道内氾濫原の保全と再生（応用生態工学会編），技報堂出版，pp.1-17.

永山滋也ほか（2015a）：河川地形と生息場の分類—河川管理への活用に向けて．応用生態工学，**18**(1)：19-33.

永山滋也ほか（2015b）：高水敷掘削による氾濫原の再生は可能か？ —自然堤防帯を例として．応用生態工学，**17**：67-77.

永山滋也ほか（2017）：揖斐川の高水敷掘削地におけるイシガイ類生息環境—掘削高さおよび経過年数との関係．応用生態工学，**19**：131-142.

名古屋市（2001）：東海豪雨水害に関する記録．https://www.city.nagoya.jp/bosaikikikanri/cmsfiles/contents/0000127/127712/kirokusyu.pdf（2021年9月17日閲覧）

名古屋市上下水道局（2020）：令和元年度事業年報．https://www.water.city.nagoya.jp/category/report/141760.html（2021年7月1日閲覧）

中村太士編（2013）：河川生態学．講談社．

中村公人ほか（2012）：排水路堰上げ型魚道の管理が水田用排水量の諸元に及ぼす影響．農業農村工学会論文集，**80**(2)：19-29.

中村智幸（2017）：内水面漁協の組合員数の推移と将来予測．水産増殖，**65**：97-105.

中野 繁（2003）：川と森の生態学 中野繁論文集，北海道大学図書刊行会．

Nakano, S., *et al.*(1996)：Potential fragmentation and loss of thermal habitats for charrs in the Japanese Archipelago due to climatic warming. *Freshwater Biology*, **36**：711-722.

那須義和（1996）：12.1 水質に関連する因子と水の分析．水の分析 第4版，化学同人．

Negishi, J. N., *et al.*(2012)：Mussel responses to flood pulse frequency：the importance of local habitat. *Freshwater Biology*, **57**：1500-1511.

日本河川・流域再生ネットワーク編（2011）：よみがえる川—日本と世界の河川再生事例集，リバーフロント整備センター．

農林水産省（2016）：農業水利施設の機能保全の手引き「頭首工」．https://www.maff.go.jp/j/nousin/mizu/sutomane/attach/pdf/index-24.pdf（2021年8月10日閲覧）

野崎健太郎（2002）：湖沼沿岸帯における基礎生産の特性．陸水学雑誌，**63**：225-231.

野崎健太郎・石田典子（2014）：4.2.4 藻類の光合成と呼吸．身近な水の環境科学 実習・測定編—自然の仕組みを調べるために（日本陸水学会東海支部会編），朝倉書店，pp.136-140.

Nozaki, K. and Mitsuhashi, H.(2000)：Nutrient accumulation by a bloom of the filamentous green alga *Spirogyra* sp. in the littoral zone of the north basin of Lake Biwa. *Verhandlungen der Internationale Vereinigung fur Theoretische und Angewandte Limnologie*, **27**：2660-2664.

野崎健太郎ほか（1998）：琵琶湖北湖沿岸帯における糸状緑藻群落内の溶存酸素濃度の日変化．陸水学雑誌，**59**：207-213.

Nozaki, K., *et al.*(2020)：Accumulation of *Hydrurus foetidus* (Chrysophyceae) in sand ripples of a volcanic inorganic acidified river in the southern part of Mount Ontake, central Japan. *Rikunomizu*, **87**：53-58.

野崎健太郎ほか（2021）：尾張丘陵南部の変成岩体における湧水の湧出量，水温および水質の季節変化—愛知県日進市の岩崎御岳山における事例研究．湿地研究，**11**：59-73.

岡本高弘ほか（2011）：水質汚濁メカニズムの解明に関する政策課題研究—難分解性を考慮した琵琶湖における有機物の現状と課題．滋賀県琵琶湖環境科学研究センター試験研究報告書，**7**：87-102.

沖　大幹（2016）：水の未来，岩波書店.

Onoda, Y.(2016)：Rediscovery of Japanese charr in the Denjogawa River and its tributary in 2016 after a disturbance from the Ontake Landslide in 1984：significance of a tributary as a refugium from disturbance. *Rikunomizu*, **74**：29-34.

大浜秀規ほか（2009）：堰堤と渓流魚の共存は可能なのか？　水利科学，**53**：52-69.

太田猛彦・高橋剛一郎編著（1999）：渓流生態砂防学，東京大学出版会.

大塚　悟ほか（2020）：冬期の地下水利用による六日町盆地の広域地盤沈下の考察．応用地質，**61**：38-49.

応用生態工学会編（2019）：河道内氾濫原の保全と再生，技報堂出版.

Rahel, F. J. and Taniguchi, Y. (2019)：A comparison of freshwater fisheries management in the USA and Japan. *Fisheries Science*, **85**：271-283.

Reis, S., *et al.*(2012)：From acid rain to climate change. *Science*, **338**：1153-1154.

佐川志朗ほか（2011）：イタセンパラを育む木曽川氾濫原生態系の理解と再生への取り組み．土木技術資料，**53**（11）：6-9.

西條八束（1992）：小宇宙としての湖，大月書店.

西條八束・奥田節夫編著（1996）：河川感潮域—その自然と変貌，名古屋大学出版会.

西條八束ほか（2008）：中部国際空港島建設による水質，底質，底生生物群集の劣化．海の研究，**17**：281-295.

坂本　充（1991）：酸性雨と水環境．水質汚濁研究，**14**：15-22.

坂本貴啓（2020）：市民団体の活動による多自然川づくりへの貢献．河川（日本河川協会月刊誌），**892**：41-45.

Sakamoto, T., *et al.*(2018)：Nationwide investigation of citizen-based river groups in Japan：their potential for sustainable river management. *International Journal of River Basin Management*, **16**(2)：203-217.

Salimi, S., *et al.*(2021)：Impact of climate change on wetland ecosystems：A critical review of experimental wetlands. *Journal of Environmental Management*, **286**：112160.

佐竹研一（1980）：日本の無機酸性湖研究．陸水学雑誌，**41**：41-50.

佐藤祐一ほか（2016）：琵琶湖における難分解性有機物の起源：発生源における生分解試験とボックスモデルによる推計．水環境学会誌，**39**(1)：17-28.

Sawano, S., *et al.*(2015)：Development of a simple forest evaporation model using a process-oriented model as a reference to parameterize data from a wide range of environmental conditions. *Ecological Modelling*, **309-310**：93-109.

澤野真治ほか（2016）：森林の蒸発散量を簡易な手法で広域推定する．森林総合研究所　平成

28 年版 研究成果集 2016, 44-45.

Schindler, D. W.(1988)：Effects of acid rain on freshwater ecosystem. *Science*, **239**：149-157.

Schindler, D. W., *et al.*(1985)：Long-term ecosystem stress：The effects of years of experimental acidification on a small lake. *Science*, **228**：1395-1401.

社団法人海外環境協力センター（1998）：第 5 章 水質環境基準（生活環境項目）．水環境保全技術研修マニュアル総論, 47-68.

Sharma, S., *et al.*(2016)：Direct observations of ice seasonality reveal changes in climate over the past 320-570 years. *Nature Scientific Reports*, **6**：1-11.

Sharma, S., *et al.*(2019)：Widespread loss of lake ice around the Northern Hemisphere in a warming world. *Nature Climate Change*, **9**：227-231.

滋賀県（2021）：滋賀の環境 2020（令和 2 年版環境白書）資料編．http://www.pref.shiga.lg.jp/file/attachment/5234603.pdf（2021 年 9 月 15 日閲覧）

白金晶子ほか（2013）：矢作川本川の流量に関連する長期データ．矢作川研究, **17**：135-142.

Strahler, A. N.(1952)：Dynamic basis of geomorphology. *Geological Society of America, Bulletin*, **63**：923-938.

須賀堯三（1979）：感潮河川における塩水くさびの水理に関する基礎的研究．土木研究所資料, **1537**：6.

杉田倫明・田中　正編著, 筑波大学水文科学研究室著（2009）：水文科学, 共立出版.

水産庁：遊漁の部屋．https://www.jfa.maff.go.jp/j/yugyo/（2021 年 7 月 28 日閲覧）

鈴木元治ほか（2020）：下水処理場の窒素排出量増加運転が瀬戸内海播磨灘の有機物及び栄養塩の海水中濃度に与える影響評価．水環境学会誌, **43**(2)：43-53.

鈴木隆介（2000）：第 13 章 河谷地形．建設技術者のための地形図読図入門 3 段丘・丘陵・山地（鈴木隆介著）, 古今書院, pp.685-750.

田頭直樹ほか（2015）：承水路が付帯された谷津田周辺におけるホトケドジョウの生息実態と季節的移動．応用生態工学, **18**：99-114.

高橋和夫・野中邦彦（1986）：水田土壌中の有効態ケイ酸の測定法．日本土壌肥料学雑誌, **57**：515-517.

高橋　裕（2003）：地球の水が危ない, 岩波新書.

高橋　裕（2008）：新版 河川工学, 東京大学出版会.

高津文人ほか（2005）：炭素, 窒素安定同位体自然存在比による河川環境の評価．応用生態工学, **7**(2)：201-213.

玉利祐三ほか（1988）：岩質と陸水の水質との関係．地球化学, **22**：139-147.

田中正明（2004）：日本湖沼誌 II, 名古屋大学出版会.

田中　正（2020）：地下水学の進展と地下水ガバナンス．地下水学会誌, **62**：167-181.

谷　誠（1992）：4. 森林斜面での水移動．森林水文学（塚本良則編）, pp.102-124.

谷田一三・竹門康弘（1999）：ダムが河川の底生動物へ与える影響．応用生態工学, 2：153-164.

谷口真人（2005）：気候変動と地下水．地下水学会誌, **47**：5-17.

田代　喬（2004）：ダム下流河道における河床の低攪乱化に着目した水域生態系評価に関する

研究. 名古屋大学大学院工学研究科博士論文.

田代　喬（2010）：5.2 河川中流域の地形. 身近な水の環境科学—源流から干潟まで（日本陸水学会東海支部会編），朝倉書店，pp.58-61.

田代　喬（2018）：台風・洪水. 教育現場の防災読本（「防災読本」出版委員会編著，中井　仁監修），京都大学学術出版会，pp.54-69.

田代　喬（2020）：20年前の「東海豪雨」を最近の水害と対比しながら振り返る. 豊田市矢作川研究所季刊誌 RIO，**217**：2-3.

田代　喬・辻本哲郎（2003）：河床状態の変化に着目した矢作川中流域における河道動態とそれに伴う生息場の変質—底生魚・底生動物の分布と大型糸状藻類の繁茂に関する分析. 矢作川研究，**7**：9-24.

田代　喬ほか（2015）：流込み式堰堤による発電取水が渓流生態系に及ぼす影響—溶存酸素濃度の連続観測による生態系代謝評価. 土木学会論文集 B1（水工学），**71**(4)：I_1129-I_1134.

Tawa, K. and Sagawa, S.(2020)：Stable isotopic analysis of stuffed specimens revealed the feeding habits of Oriental Storks *Ciconia boyciana* in Japan before their extinction in the wild. *Journal of Ornithology*, **162**：193-206.

田和康太ほか（2016）：9年間のモニタリングデータに基づく野外コウノトリ *Ciconia boyciana* の食性. 野生復帰，**4**：75-86.

田和康太ほか（2019）：河道内氾濫原と水田域におけるカエル類の生息状況の比較. 応用生態工学，**22**：19-33.

Tezuka, Y.（1992）：Recent trend in the eutrophication of the north basin of Lake Biwa. *Japanese Journal of Limnology*, **53**：139-144.

Tockner, K., *et al.*(2000)：An extension of the flood pulse concept. *Hydrological Processes*, **14**：2861-2883.

Tokoro, T., *et al.*(2021)：Contribution of biological effects to carbonate-system variations and the air-water $CO_2$ flux in urbanized bays in Japan. *Journal of Geophysical Research-Oceans*, **126**：e2020JC016974.

富田啓介（2010）：日本に見られる鉱質土壌湿原の分布・形成・分類. 湿地研究，**1**：67-86.

富田啓介（2012）：湧水湿地をめぐる人と自然の関係史—愛知県矢並湿地の事例. 地理学評論，**85**：85-105.

富田啓介（2018）：湧水湿地の環境は東海地方においてどこまで理解されたか？ 湿地研究，**8**：63-79.

Tóth, J.（1995）：Hydraulic continuity in large sedimentary basins. *Hydrogeology Journal*, **3**：4-16.

Townsend, C. R. and Hildrew, A. G.(1994)：Species traits in relation to a habitat templet for river systems. *Freshwater Biology*, **31**(3)：265-275.

Townsend, C. R., *et al.*(1997)：Quantifying disturbance in streams：alternative measures of disturbance in relation to macroinvertebrate species traits and species richness. *Journal of North American Benthological Society*, **16**(3)：531-544.

辻本哲郎（2011）：河川整備の環境目標とその達成戦略における課題. 環境システム研究論文

発表講演集，**39**：263-268.

内田朝子ほか（2021）：室内および野外培養法から推定された矢作川の付着藻の河川一次生産力とその特徴．応用生態工学，**24**：1-25.

植田邦彦（1994）：第1章　東海丘陵要素の起源と進化．植物の自然史―多様性の進化学（岡田　博・植田邦彦・角野康郎編著），北海道大学図書刊行会，pp.3-18.

海の自然再生ワーキンググループ（2003）：海の自然再生ハンドブック―その計画・技術・実践2　干潟編，国土交通省港湾局監修，ぎょうせい．

宇野木早苗（2001）：川と海の関係―物理的観点から．沿岸海洋研究，**39**：69-81.

Vadeboncoeur, Y. and 25 authors(2021)：Blue waters, green bottoms：benthic filamentous algal blooms are an emerging threat to clear lakes worldwide. *BioScience*, biab049. https://doi.org/10.1093/biosci/biab049

Vannnote, R. L., *et al.*(1980)：The river continuum concept. *Canadian Journal of fisheries and Aquatic Science*, **37**：130-137.

Vollenweider, R. A.(1976)：Advances in defining critical loading levels for phosphorus in lake eutrophication. *Memorie dell' Istituto Italiano di Idrobiologia*, **33**：55-83.

渡辺勝敏・森　誠一（2012）：ネコギギ―積極的保全に向けたアプローチ．魚類学雑誌，**59**：168-171.

Weiskopf, S. R., *et al.*(2020)：Climate change effects on biodiversity, ecosystems, ecosystem services, and natural resource management in the United States. *Science of the Total Environment*, **733**：137782.

Westling, O. and Zetterberg, T.(2007)：Recovery of acidified streams in forests treated by total catchment lliming. *Water, Air, Soil Pollution Focus*, **7**：347-356.

Yagi, A., *et al.*(1983)：Seasonal change of chlorophyll-a and bacteriochlorophyll in Lake Fukami-ike. *Japanese Journal of Limnology*, **44**(4)：283-292.

Yamada, K., *et al.*(2021)：First observation of incomplete vertical circulation in Lake Biwa. *Limnology*, **22**：179-185.

山田　淳（2004）：ノンポイント汚染の現状と展望．環境技術，**33**(5)：360-363.

山田晃史ほか（2014）：土砂還元がダム下流生態系の食物網に及ぼす影響―粒状有機物，水生生物の現存量および炭素・窒素安定同位体比を用いた検証．陸の水，**64**：11-21.

山本晃一（1994）：沖積河川学―堆積環境の視点から，山海堂．

山本晃一編著（2014）：総合土砂管理計画―流砂系の健全化に向けて，技報堂出版．

山本晃一ほか（1993）：感潮河川の塩水遡上実態と混合特性．土木研究所資料，**3171**：46-52.

山本三郎・松浦茂樹（1996a）：旧河川法の成立と河川行政(1)．水利科学，**40**(3)：1-21.

山本三郎・松浦茂樹（1996b）：旧河川法の成立と河川行政(2)．水利科学，**40**(4)：51-78.

山本民次（2014）：瀬戸内海の貧栄養化について（再考）．日本マリンエンジニアリング学会誌，**49**(4)：71-76.

山本敏哉（2021）：豊田大橋付近の中心市街地エリアでの河床環境の改善事業について．Rio（豊田市矢作川研究所季刊誌），**219**：2-3.

山本敏哉ほか（2018）：アーマーコート化した瀬の上に敷設した礫に蝟集したアユ．矢作川研究，**22**：51-52.

Yamamoto, T., *et al.*(2006)：Effects of summer drawdown on cyprinid fish larvae in Lake Biwa, Japan. *Limnology*, **7**：75-82.

米倉浩司（2012）：日本維管束植物目録（邑田　仁監修），北隆館.

米本昌平（1994）：地球環境問題とは何か，岩波新書.

吉田史郎（1992）：瀬戸内区の発達史―第一・第二瀬戸内海形成期を中心に．地質調査所月報，**43**：43-67.

吉田耕治・竹中千里（2004）：酸性霧が樹木生理に及ぼす影響．日本林学会誌，**86**(1)：54-60.

Yoshida, K., *et al.*(2004)：Response of gas exchange rates in Abies firma seedlings to various additional s tresses under chronic acid fog stress. *Journal of Forest Research*, **9**：195-203.

湧水湿地研究会（2019）：東海地方の湧水湿地―1643箇所の踏査からみえるもの，豊田市自然観察の森.

# 索　引

**身近な水の環境科学 第2版**　　　　　定価はカバーに表示

2010 年 1 月 20 日　初　版第 1 刷
2022 年 4 月 5 日　第 2 版第 1 刷

編　集　日 本 陸 水 学 会
　　　　東 海 支 部 会
発行者　朝　倉　誠　造
発行所　株式会社　朝 倉 書 店
　　　　東京都新宿区新小川町 6-29
　　　　郵 便 番 号　　162-8707
　　　　電　話　03 (3260) 0141
　　　　F A X　03 (3260) 0180
　　　　https://www.asakura.co.jp

〈検印省略〉

JCOPY ＜出版者著作権管理機構 委託出版物＞

本書の無断複写は著作権法上での例外を除き禁じられています. 複写される場合は,
そのつど事前に, 出版者著作権管理機構 (電話 03-5244-5088, FAX 03-5244-5089,
e-mail: info@jcopy.or.jp) の許諾を得てください.

# ◈ 人と生態系のダイナミクス ◈

人と自然の関わり方の歴史と未来を解説。宮下直・西廣淳シリーズ編集

---

東大 宮下　直・東邦大 西廣　淳著

## 人と生態系の<br>ダイナミクス1　農地・草地の歴史と未来

18541-6　C3340　　　　　A 5 判 176頁 本体2700円

日本の自然・生態系と人との関わりを農地と草地から見る。歴史的な記述と将来的な課題解決の提言を含む、ナチュラリスト・実務家必携の一冊。〔内容〕日本の自然の成り立ちと変遷／農地生態系の特徴と機能／課題解決へのとりくみ

---

東大 鈴木　牧・東大 齋藤暖生・環境研 西廣　淳・<br>東大 宮下　直著

## 人と生態系の<br>ダイナミクス2　森林の歴史と未来

18542-3　C3340　　　　　A 5 判 192頁 本体3000円

森林と人はどのように歩んできたか。生態系と社会の視点から森林の歴史と未来を探る。〔内容〕日本の森林のなりたちと人間活動／森の恵みと人々の営み／循環的な資源利用／現代の森をめぐる諸問題／人と森の生態系の未来／他

---

東大 飯田晶子・東大 曽我昌史・東大 土屋一彬著

## 人と生態系の<br>ダイナミクス3　都市生態系の歴史と未来

18543-0　C3340　　　　　A 5 判 180頁 本体2900円

都市の自然と人との関わりを、歴史・生態系・都市づくりの観点から総合的に見る。〔内容〕都市生態史／都市生態系の特徴／都市における人と自然との関わり合い／都市における自然の恵み／自然の恵みと生物多様性を活かした都市づくり

---

水産研究・教育機構 堀　正和・海洋研究開発機構 山北剛久著

## 人と生態系の<br>ダイナミクス4　海の歴史と未来

18544-7　C3340　　　　　A 5 判 176頁 本体2900円

人と海洋生態系との関わりの歴史，生物多様性の特徴を踏まえ，現在の課題と将来への取り組みを解説する．〔内容〕日本の海の利用と変遷：本州を中心に／生物多様性の特徴／現状の課題／人と海辺の生態系の未来：課題解決への取り組み

---

国立環境研 西廣　淳・滋賀県大 瀧健太郎・岐阜大 原田守<br>啓・白梅短大 宮崎佑介・徳島大 河口洋一・東大 宮下　直<br>著

## 人と生態系の<br>ダイナミクス5　河川の歴史と未来

18545-4　C3340　　　　　A 5 判 152頁 本体2700円

河川と人の関わりの歴史と現在、課題解決を解説。生態系から治水・防災まで幅広い知識を提供する。〔内容〕生態系と生物多様性の特徴（魚類・植物・他）／河川と人の関係史（古代の治水と農地管理・湖沼の変化・他）／課題解決への取組み

---

埼玉大 浅枝　隆編著

## 図説 生 態 系 の 環 境

18034-3　C3040　　　　　A 5 判 192頁 本体2800円

本文と図を効果的に配置し、図を追うだけで理解できるように工夫した教科書。工学系読者にも配慮した記述。〔内容〕生態学および陸水生態系の基礎知識／生息域の特性と開発の影響（湖沼，河川，ダム，汽水，海岸，里山・水田，道路など）

---

前農工大 戸塚　績編著

## 大気・水・土壌<br>の 環 境 浄 化　みどりによる環境改善

18044-2　C3040　　　　　B 5 判 160頁 本体3600円

植物の生理的機能を基礎に，植生・緑による環境改善機能と定量的な評価方法をまとめる。〔内容〕植物・植栽の大気浄化機能／緑地整備／都市気候改善機能／室内空気汚染改善法／水環境浄化機能（深水域，浅水域）／土壌環境浄化機能

---

東京都立大学 松山　洋・東京都立大学 増田耕一編

## 大 気 と 水 の 循 環
—水文気象を学ぶための14講—

16076-5　C3044　　　　　B 5 判 146頁 本体3200円

大気と水の循環（水文気象学）についての教科書。前半は体系的に，後半は最新の研究内容を解説。〔内容〕エネルギー収支／大気の大循環／流域水収支／植生／人工衛星／数値シミュレーション／データ同化／土砂災害／洪水氾濫

---

前北大 丸谷知己編

## 砂 防 学

47053-6　C3061　　　　　A 5 判 256頁 本体4200円

気候変動により変化する自然災害の傾向や対策、技術，最近の情勢を解説。〔内容〕自然災害と人間社会／砂防学の役割／土砂移動と地表変動（地すべり，火山泥流，雪崩，他）／観測方法と解析方法／土砂災害（地震，台風，他）／砂防技術

東大 宮下　直・京大 井鷺裕司・東北大 千葉　聡著

# 生 物 多 様 性 と 生 態 学
## —遺伝子・種・生態系—

17150-1　C3045　　　　　　　A 5 判 184頁　本体2800円

遺伝子・種・生態系の三部構成で生物多様性を解説した教科書。〔内容〕遺伝的多様性の成因と測り方/遺伝的多様性の保全と機能/種の創出機構/種多様性の維持機構とパターン/種の多様性と生態系の機能/生態系の構造/生態系多様性の意味

---

東大 宮下　直・東大 瀧本　岳・東大 鈴木　牧・東大 佐野光彦著

# 生 物 多 様 性 概 論
## —自然のしくみと社会のとりくみ—

17164-8　C3045　　　　　　　A 5 判 192頁　本体2800円

生物多様性の基礎理論から，森林，沿岸，里山の生態系の保全，社会的側面を学ぶ入門書。〔内容〕生物多様性とは何か/生物の進化プロセスとその保全/森林生態系の機能と保全/沿岸生態系とその保全/里山と生物多様性/生物多様性と社会

---

感染研 永宗喜三郎・法政大 島野智之・海洋研究開発機構 矢吹彬憲編

# ア メ ー バ の は な し
## —原生生物・人・感染症—

17168-6　C3045　　　　　　　A 5 判 152頁　本体2800円

言葉は誰でも知っているが，実際にどういう生物なのかはあまり知られていない「アメーバ」。アメーバとは何か？という解説に始まり，地球上の至る所にいるその仲間達を紹介し，原生生物学への初歩へと誘う身近な生物学の入門書。

---

日本光合成学会編

# 光 合 成

17176-1　C3045　　　　　　　B 5 判 224頁　本体3600円

光合成の基礎を押さえて研究に生かす。オールカラー〔内容〕光合成生物/葉緑体/光合成色素/周辺集光装置/光化学系/電子伝達系/シトクロムb6f複合体/ATP合成酵素/光環境応答/レドックス制御/気孔開閉/生物材料の選択など

---

前埼玉大 末光隆志総編集

# 動 物 の 事 典

17166-2　C3545　　　　　　　B 5 判 772頁　本体23000円

生理学，生態学，行動学，分類学，遺伝学，分子生物学，細胞生物学，発生学，免疫学，文化人類学など様々な視点からの知見を総合した，動物学の全容を俯瞰することができるハンドブック形式の事典。生物学を学ぶ学生・研究者をはじめ，動物学に関心を寄せる方々の必携書。〔内容〕分類/進化/遺伝と遺伝子/細胞/形と器官系/生理/発生/脳・神経系/ホルモンとホメオスタシス/免疫/生息環境/行動と生態/バイオテクノロジー/動物の利用/動物と文化

---

感染研 津田良夫・前感染研 安居院宣昭・イカリ消毒 谷川　力・兵庫医大 夏秋　優・感染研林　利彦・信州大 平林公男・帯広畜産大 山内健生編

# 衛 生 動 物 の 事 典

64048-9　C3577　　　　　　　B 5 判 440頁　本体14000円

人の健康に肉体的・精神的な害を与える衛生動物について，全般的・総合的知識から個々の注意すべき種類・疾病，対策に至るまで解説した事典。衛生動物を扱う担当者や感染症関係の研究者・団体にとって必携の参考書。〔内容〕総論：定義・歴史・被害・形態・分類・生理生態・採集調査・対策（カ・ハエ・ネズミ・ゴキブリ・ガ・ダニ・ツツガムシ・ブユ・アブ・ハチ・クモ・ムカデ・哺乳類等）/各論（病気媒介・人に住む・吸血・刺す，咬む・毒をもつ・不快動物・その他）

---

前阪大 大竹久夫編集委員長

# リ ン の 事 典

14104-7　C3543　　　　　　　A 5 判 360頁　本体8500円

リンは生命に必須であり，古くから肥料として産業上も重要であった。工業製品や食品，医薬品など，その用途は拡大の一途をたどる一方，その供給は地下資源に依存しており，安価な材料として使い続けることは限界を迎えようとしている。基礎的な性質から人間活動への影響まで，リンに関する情報を網羅した本邦初の総合事典。〔内容〕リンの化学/リンの地球科学/人体とリン/工業用素材/農業利用/工業利用/リン回収技術/リンリサイクル

日本陸水学会東海支部会編

## 身近な水の環境科学 [実習・測定編]
### ―自然のしくみを調べるために―

18047-3 C3040　　　　A 5 判 192頁 本体2700円

河川や湖沼を対象に測量や水質分析の基礎的な手法，生物分類，生理活性を解説。理科系・教育学系学生むけ演習書や，市民の環境調査の手引書としても最適。〔内容〕調査に出かける前に／野外調査／水の化学分析／実験室での生物調査／他

---

小倉紀雄・竹村公太郎・谷田一三・松田芳夫編

## 水 辺 と 人 の 環 境 学 (上)
### ―川の誕生―

18041-1 C3040　　　　B 5 判 160頁 本体3500円

河川上流域の水辺環境を地理・植生・生態・防災など総合的な視点から読み解く〔内容〕水辺の地理／日本の水循環／河川生態系の連続性と循環／河川上流域の生態系(森林，ダム湖，水源・湧水，細流，上流域)／砂防の意義と歴史／森林管理の変遷

---

小倉紀雄・竹村公太郎・谷田一三・松田芳夫編

## 水 辺 と 人 の 環 境 学 (中)
### ―人々の生活と水辺―

18042-8 C3040　　　　B 5 判 160頁 本体3500円

河川中流域の水辺環境を地理・生態・交通・暮らしなど総合的な視点から読み解く〔内容〕扇状地と沖積平野／水資源と水利用／河川中流域の生態系／治水という営み／内陸水運の盛衰／水辺の自然再生と平成の河川法改正／水辺と生活／農地開発

---

小倉紀雄・竹村公太郎・谷田一三・松田芳夫編

## 水 辺 と 人 の 環 境 学 (下)
### ―水辺と都市―

18043-5 C3040　　　　B 5 判 176頁 本体3500円

河川下流域の水辺環境を地理・生態・都市・防災等総合的な視点で読み解く〔内容〕河川と海の繋がり／水質汚染と変遷／下流・河口域の生態系／水と日本の近代化／都市と河川／海岸防護／干潟・海岸の保全・再生／都市の水辺と景観／水辺と都市

---

日本湿地学会監修

## 図説 日 本 の 湿 地
### ―人と自然と多様な水辺―

18052-7 C3040　　　　B 5 判 228頁 本体5000円

日本全国の湿地を対象に，その現状や特徴，魅力，豊かさ，抱える課題等を写真や図とともにビジュアルに見開き形式で紹介。〔内容〕湿地と人々の暮らし／湿地の動植物／湿地の分類と機能／湿地を取り巻く環境の変化／湿地を守る仕組み・制度

---

熊本大学 皆川朋子編

## 社会基盤と生態系保全の基礎と手法

26175-2 C3051　　　　B 5 判 196頁 本体3700円

土木の視点からとらえた生態学の教科書。生態系の保全と人間社会の活動がどのように関わるのか，豊富な保全・復元事例をもとに解説する。〔内容〕国土開発の歴史／ハビタット／法制度／里地里山／河川／海岸堤防／BARCIデザイン／他

---

(公社)日本水環境学会編

## 水 環 境 の 事 典

18056-5 C3540　　　　A 5 判 640頁 本体16000円

各項目2-4頁で簡潔に解説。広範かつ細分化された水環境研究，歴史を俯瞰，未来につなぐ。〔内容〕【水環境の歴史】公害，環境問題，持続可能な開発，【水環境をめぐる知と技術の進化と展望】管理，分析(対象，前処理，機器など)，資源(地球，食料生産，生活，産業，代替水源など)，水処理(保全，下廃水，修復など)，【広がる水環境の知と技術】水循環・気候変動，災害，食料・エネルギー，都市代謝系，生物多様性・景観，教育・国際貢献，フューチャー・デザイン

---

日本微生物生態学会編

## 環 境 と 微 生 物 の 事 典

17158-7 C3545　　　　A 5 判 448頁 本体9500円

生命の進化の歴史の中で最も古い生命体であり，人間活動にとって欠かせない存在でありながら，微小ゆえに一般の人々からは気にかけられることの少ない存在「微生物」について，近年の分析技術の急激な進歩をふまえ，最新の科学的知見を集めて「環境」をテーマに解説した事典。水圏，土壌，極限環境，動植物，食品，医療など8つの大テーマにそって，1項目2～4頁程度の読みやすい長さで微生物のユニークな生き様と，環境とのダイナミックなかかわりを語る。